U0183177

JSP编程及案例分析

主编　张海平　陈俊冰　周梦熊

ZHEJIANG UNIVERSITY PRESS
浙江大学出版社
·杭州·

图书在版编目（CIP）数据

JSP编程及案例分析 / 张海平，陈俊冰，周梦熊主编
. — 杭州 ：浙江大学出版社，2022.8（2024.7重印）
ISBN 978-7-308-22796-4

Ⅰ．①J… Ⅱ．①张… ②陈… ③周… Ⅲ．①JAVA语
言—网页制作工具—程序设计 Ⅳ．①TP312.8
②TP393.092.2

中国版本图书馆CIP数据核字（2022）第114790号

内容简介

本书根据作者的开发经验，由浅入深、循序渐进地介绍了JSP的运行系统、基本概念、语法规范及其相关内容，并提供了大量的应用实例。

全书共分为6章，从基本的JSP概述、与其他技术的对比，到JSP的运行模式，逐步深入地对JSP语法规范进行了详细的讲解，并结合应用实例加以巩固。

本书是为那些对Web开发感兴趣的读者而编写的。不论是Web编程的高手，还是初学Web开发的网络爱好者，通过本书都能够得到很大的帮助；从实际应用的角度来看，本书也是一本实用的工具书。

JSP编程及案例分析

主编 张海平 陈俊冰 周梦熊

责任编辑	吴昌雷
责任校对	王 波
封面设计	林智广告
出版发行	浙江大学出版社
	（杭州市天目山路148号 邮政编码310007）
	（网址:http://www.zjupress.com）
排 版	杭州晨特广告有限公司
印 刷	杭州宏雅印刷有限公司
开 本	787mm×1092mm 1/16
印 张	21.25
字 数	478千
版 印 次	2022年8月第1版 2024年7月第2次印刷
书 号	ISBN 978-7-308-22796-4
定 价	49.00元

前　言

　　随着信息技术的发展和互联网的普及,人们越来越依赖于互联网给生活带来的便利,纷纷利用网络技术来构建自己的站点。只要一进入互联网,那些无穷无尽的站点内容就会让我们目不暇接,精彩的内容更会给我们带来美好的享受。可以说,WWW 技术是促进互联网高速发展的主要因素之一。现在即使是一个普通的老百姓也不会对"网上冲浪""互联网"等词感到陌生。

　　早期的互联网应用基本上是静态 HTML,主要特点是"只能呈现,不能交互",当然这在互联网起步阶段起到了一定作用,但随着网络内容的膨胀,人们越来越不能满足现状,人与人之间的网络交流、"地球村"的形成等都需要交互,而且这样的需求越来越强。

　　鉴于此,各种各样的 Web 技术应运而生,且都是建立在一系列"活跃"的交互操作上的。通常人们用客户/服务器这个词来描述 Web。这是一个交互的概念,一般把提出请求的一方称为客户端,而把响应请求的一方称为服务器端。这种简单的模型是静态的,它们只能对对方的激励作出响应。而在活跃的 Web 中双方都应该是活跃的,只有这样才能把客户机和服务器结合起来产生最强的交互,这样就引出了我们所说的动态网页的概念。

　　在 Web 领域里,有几十万乃至上百万的站点相互之间正在进行着激烈的竞争,它们想尽一切办法来吸引用户的注意力。简单的、静态的页面对用户不会有太大的吸引力。只有动态的、有条理的数据加上友好的、交互性强的界面,最后加上丰富的内容,才能吸引用户的眼球。当然,数据的自动更新也非常的重要。在短短的几年时间里,Web 的面貌已经发生了非常重大的变化。现在,我们可以在 Web 页面中创建应用程序,访问数据库,这样它无论在感觉上、操作中还是实际的用途方面都与 Windows 中的应用程序非常的类似。现在,商家们可以与潜在客户、目前的客户、员工以及其他人中的任何一个进行沟通,并实施一些在线的服务类的商业活动。

　　为了抢占 Internet 这个诱人的市场,在 SUN 公司(现已被 Oracle 收购)的倡导下,许多公司共同参与建立了一种新的动态网页技术标准——Java server pages。SUN 应用 Java 社团开发 JSP 技术。在开发 JSP 规范的过程中,SUN 公司与许许多多主要的 Web 服务器、Web 应用服务器和开发工具供应商,以及各种各样富有经验的开发团体进行合作,结果找到了一种适合于应用和页面开发人员的开发方法,它具有极佳的可移植性和易用性。针对 JSP 的产品,SUN 将其授权给工具提供商(如 Macromedia)、结盟公司(如 Apache,Netscape)、最终用户、协作商及其他人。

最近,SUN 将最新版本的 JSP 和 Java Servlet(JSP1.1,Java Servlet 2.2)的源代码发放给 Apache,以求 JSP 与 Apache 紧密结合、共同发展。Apache、SUN 和许多其他的公司及个人公开成立了一个健壮的咨询机构以便任何公司和个人都能免费取得信息。这样,SUN 公司就在这个领域中稳稳地站住了脚跟。

JSP 技术作为一种动态 Web 开发技术,为非专业人员开发高水平的网站提供了良好的方法。但是,应该如何来学习这种技术呢? 虽然,在市场上关于这方面的书籍有不少,但基本上不是纯介绍技术就是纯介绍案例的,将理论与实践结合的书籍很少,特别是面向工程应用人才培养的教材少之又少。而在网上,我们可以找到一些介绍 JSP 的技术网站,那里有丰富的实例,而且对于 JSP 学习非常有利。因此,本书在编的过程中也参照了网上技术论坛的相关内容,汲取了很多网站中关于 JSP 技术的精华并加以综合,形成了一个较完整的体系。本书的内容力求由浅入深,逐步提高,无论是对一个网络新手,还是一个久经沙场的网络高手,都能够起到一定的指导作用,他们都可以从本书中找到一些有益的知识。同时,在本书中,笔者还总结了以往学习的经验,在讲解时加入了不少实例,希望读者可以进行相关的上机操作演练。

最后,本书针对数据库的操作进行了详细的讲解,希望以此能够帮助读者快速掌握 JSP 数据库的应用开发。

编者
2022 年

目　录

第一篇　基础篇

第二篇　提高篇

第三篇　数据库应用

第一篇 基础篇

本篇由3章组成:第1章是JSP概述,首先给出JSP的定义,同时指出JSP与servlet的关系、JSP的显著特点以及与其他技术的对比,然后用图解的方式对JSP开发环境的安装与配置进行讲解,并对JSP语法进行介绍,接着通过一个JSP程序的执行来使读者对JSP有个大概了解,最后给出几个实用例子方便读者进行上机巩固练习。第2章主要是讲解JSP的基础语法、动作和指令,最后通过若干小实例,对本章所学内容进行巩固。第3章主要是讲解JSP的内置对象,对其中几个常用的内置对象进行了详细讲解,并通过实例进一步对所学知识加以巩固。

第1章

JSP 概述

本章中,我们先了解 JSP 的概念,接着用图解方式对 JSP 开发环境进行讲解,以及对 JSP 语法进行简单介绍,紧跟着通过一个 JSP 程序的执行来使读者对 JSP 有个大概的了解,最后给出几个实例便于上机操作。通过对本章的学习,可以使读者了解 JSP 的背景和开发设计步骤。

需重点掌握的内容有:

·JSP 技术特点

·JSP 环境配置

·JSP 语法

1.1 JSP 简介

WWW 是目前互联网上最主要的信息服务类型,它深入影响我们生活的方方面面,如政治、商业以及教育等各个领域。HTML 语言是 WWW 的服务基础,而 JSP 正是开发和维护 Web 站点的一种重要技术,简单理解,它是在 HTML 语言的基础上使用 Java 语言对网页进行编程,为创建显示动态生成内容的 Web 页面提供了一个简捷而快速的方法。

1.1.1 什么是 JSP

JSP 是 Java Server Papes(Java 服务器系统页面)的缩写,它是由 SUN 公司倡导的、许多公司参与一起建立的一种动态网页技术标准。其在动态网页的创建中有强大而特殊的功能,也就是说,JSP 技术能够实现普通静态 HTML 和动态部分混合编码。在 SUN 公司正式发布 JSP 之后,它作为一种新的 Web 应用开发技术很快便引起了人们的关注,从此 JSP 为创建高度动态的 Web 应用提供了一个独特的开发环境。

JSP 是 Java 平台上用于编写包含动态内容的 Web 页面的应用程序的技术。JSP 技术的设计目的是使基于 Web 的应用程序的构造更加容易和快捷,而这些应用程序能够与各种 Web 服务器、Web 应用服务器、浏览器和开发工具共同工作。

JSP使得我们可以分别创建这两个部分。例如,下面就是一个简单的JSP页面:

```
<HTML>
    <HEAD>
        <TITLE>第一个JSP页面</TITLE>
    </HEAD>
    <BODY>
        <H1>欢迎</H1>
        <!-- out.println用来输出内容   -->
        <% out.println("hello world!"); %>
    </BODY>
</HTML>
```

1.1.2　与Java Servlet的关系

Java Servlet是Java语言的一部分,提供了用于服务器编程的API(Application Programming Interface,应用程序编程接口)。Java Servlet编写的Java程序称为一个Servlet。Servlet通过HTML与客户交互信息。

Servlet的最大缺点是不能有效地管理页面的逻辑部分和页面的输出部分,导致Servlet代码非常混乱,使得用Servlet来管理网站变成一件很困难的事情。

为了克服Servlet的缺点,SUN公司用Java Servlet作为基础,推出了JSP。JSP具有Servlet的几乎所有好处,当一个客户请求一个JSP页面时,JSP引擎根据JSP页面生成一个Java文件,即一个Servlet。用JSP支持JavaBean这一特点,可以有效地管理页面的逻辑部分和页面的输出部分(见第4章)。另外,JSP也可以和Servlet有效地结合,分离页面的逻辑部分和页面的输出部分(见第5章)。

1.1.3　JSP技术特点

JSP技术主要有以下几个特点。

1.将内容的生成和显示进行分离

使用JSP技术,Web页面开发人员可以使用HTML或者XML标识来设计和格式化最终页面,使用JSP标识或者小脚本来生成页面上的动态内容。生成内容的逻辑被封装在标识和JavaBean组件中,并且捆绑在小脚本中,所有的脚本在服务器端运行。如果核心逻辑被封装在标识和Bean中,那么其他人(如Web管理人员和页面设计者)就能够编辑和使用JSP页面,而不影响内容的生成。

在服务器端,JSP引擎解释JSP标识和小脚本,生成所请求的内容(例如通过访问JavaBean组件,使用JDBC技术访问数据库,或者包含文件),并且将结果以HTML(或者XML)页面的形式发送回浏览器。这有助于保护自己的代码,而又保证任何基于HTML的Web浏览器的完全可用性。

2.一次编译,到处运行

由于 JSP 页面的内置脚本语言是基于 Java 的语言,而所有的 JSP 页面都要被编译成为 Servlet,这样 JSP 页面就具有 Java 技术的所有优点,包括健壮的存储管理和安全性等。当然其中最重要的一点就是"一次编译,到处运行"。

JSP 技术是与设计平台完全无关的,包括它的动态 Web 页面、它的 Web 服务器和底层的服务器组件。你可以在任何平台上编写 JSP 页面,在任何 Web 服务器或者 Web 应用服务器上运行,或者通过任何 Web 浏览器访问。有了这个优点,随着越来越多的供应商将 JSP 支持添加到他们的产品中,你就可以使用自己所选择的服务器和工具。更改工具或服务器并不会影响到当前的应用。

3.强调可重用的组件

绝大多数 JSP 页面依赖于可重用的、跨平台的组件(JavaBean 或者企业版的 JavaBean 组件)来执行应用程序中所要求的更为复杂的处理。开发人员能够共享和交换执行普通操作的组件,或者使得这些组件为更多的使用者或者客户团体所使用。这些组件有助于将网页的设计与逻辑程序的编写分开,节约了开发时间,同时充分发挥了 Java 和其他脚本语言的跨平台的能力和灵活性。基于组件的方法加速了总体开发过程,并且使得各种组织在它们现有的技能和优化结果的开发努力中得到平衡。

4.采用标记简化页面的开发

Web 页面开发人员不一定都是熟悉脚本语言的编程人员。JSP 技术封装了许多功能,这些功能是在易用的、与 JSP 相关的 XML 标记中进行动态内容生成时所必需的。标准的 JSP 标记能够访问和实例化 JavaBean 组件,设置或者检索组件属性,下载 Applet,以及执行用其他方法难以编码或耗时的功能。通过开发定制化标识库,JSP 技术是可以扩展的。今后,第三方开发人员和其他人员可以为常用功能创建自己的标识库。这使得 Web 页面开发人员能够使用熟悉的工具和如同标记一样的执行特定功能的构件来工作。

1.1.4　与其他技术比较

1.简介

目前,最常用的三种动态网页语言有 ASP(Active Server Pages)、JSP(Java Server Pages)、PHP(PHP:Hypertext Preprocessor)。

ASP 是一个 Web 服务器端的开发环境,利用它可以产生和执行动态的、互动的、高性的 Web 服务应用程序。ASP 采用脚本语言(VBScript 等)作为自己的开发语言。

PHP 是一种跨平台的服务器端的嵌入式脚本语言。它大量地借用 C、Java 和 Perl 语言的语法,并耦合 PHP 自己的特性,使 Web 开发者能够快速地写出动态产生页面。它支持目前的绝大多数数据库。还有一点,PHP 是完全免费的,不用花钱,你可以从 PHP 官方站点(http://www.php.net)自由下载。而且你可以不受限制地获得源码,甚至可以从中加进你自己需要的特色。

JSP 是 SUN 公司推出的新一代网站开发语言。SUN 公司借助自己在 Java 上的不凡造诣,将 Java 从 Java 应用程序扩展到 Java Applet 之外,又有新的硕果,就是 JSP。JSP 可以在 Servlet 和 JavaBean 的支持下,完成功能强大的站点程序。

三者都提供在 HTML 代码中混合某种程序代码、由语言引擎解释执行程序代码的能力。

但 JSP 代码被编译成 Servlet 并由 Java 虚拟机解释执行,这种编译操作仅在对 JSP 页面的第一次请求时发生。在 ASP、PHP 和 JSP 环境下,HTML 代码主要负责描述信息的显示样式,而程序代码则用来描述处理逻辑。普通的 HTML 页面只依赖于 Web 服务器,而 ASP、PHP、JSP 页面需要附加的语言引擎分析和执行程序代码。程序代码的执行结果被重新嵌入 HTML 代码中,然后一起发送给浏览器。ASP、PHP、JSP 三者都是面向 Web 服务器的技术,客户端浏览器不需要任何附加的软件支持。

2.技术特点

(1)ASP 的技术特点:

①使用 VBScript、JScript 等简单易懂的脚本语言,结合 HTML 代码,即可快速地完成网站的应用程序;

②无须编译,容易编写,可在服务器端直接执行;

③使用普通的文本编辑器,如 Windows 的记事本,即可进行编辑设计;

④与浏览器无关,客户端只要使用可执行 HTML 码的浏览器,即可浏览 ASP 所设计的网页内容。ASP 所使用的脚本语言(VBScript、Jscript)均在 Web 服务器端执行,客户端的浏览器不需要执行这些脚本语言;

⑤ASP 能与任何 ActiveX 脚本语言兼容。除了可使用 VB Script 或 JScript 语言来设计外,还通过 plugin 的方式,使用由第三方所提供的其他脚本语言,比如 Perl 等。

(2)PHP 的技术特点:

PHP 可以编译成具有与许多数据库相连接的函数。PHP 与 MySQL 是绝佳的组合。你还可以自己编写外围的函数去间接存取数据库。通过这样的途径当你更换使用的数据库时,可以轻松地修改编码以适应这样的变化。PHPLIB 就是最常用的可以提供一般事务需要的一系列基库。但 PHP 提供的数据库接口彼此不统一,比如对 Oracle、MySQL、Sybase 的接口,彼此都不一样。这也是 PHP 的一个弱点。

(3)JSP 的技术特点:

详见"1.1.3 JSP技术特点"。

3.应用范围

ASP 是 Microsoft 开发的动态网页语言,只能执行于微软的服务器产品,即 IIS(Internet Information Server,Windows NT 平台)和 PWS(Personal Web Server,Windows 98 平台)上。Unix 下也有相关组件来支持 ASP,但是 ASP 本身的功能有限,必须通过 ASP+COM 的组合来扩充,而 Unix 下的 COM 实现起来非常困难。

PHP3 可在 Windows、Unix、Linux 的 Web 服务器上正常执行,还支持 IIS、Apache 等一般的 Web 服务器,用户更换平台时,无需变换 PHP3 代码,可即插即用。

JSP 同 PHP3 类似,几乎可以执行于所有平台。如 Windows NT、Linux、Unix。在 NT 下 IIS 通过一个外加服务器,例如 JRUN 或者 ServletExec,就能支持 JSP。知名的 Web 服务器如 Apache 已经能够支持 JSP。由于 Apache 广泛应用在 NT、Unix 和 Linux 上,因此 JSP 有更广泛的执行平台。虽然现在 NT 操作系统占了很大的市场份额,但是在服务器方面 Unix 的优势仍然很大,而新崛起的 Linux 更是来势不小。从一个平台移植到另外一个平台,JSP 和 JavaBean 甚至不用重新编译,因为 Java 字节码都是标准的与平台无关的。

4.性能比较

有人做过试验,对这三种语言分别做回圈性能测试及存取 Oracle 数据库测试。在循环性能测试中,JSP 只用了令人吃惊的 4 秒就结束了 20000×20000 的回圈,而 ASP、PHP 测试的是 2000×2000 循环(少一个数量级),却分别用了 63 秒和 84 秒。

在数据库测试中,三者分别对 Oracle 8 进行 1000 次 Insert、Update、Select 和 Delete 操作,JSP 只需要 13 秒,PHP 需要 69 秒,ASP 则需要 73 秒。

5.前景分析

目前在国内 PHP 与 ASP 应用最为广泛,而 JSP 由于是一种相对较新的技术,采用得较少。但在国外,JSP 已经是比较流行的一种技术,尤其是电子商务类的网站,多采用 JSP。采用 PHP 的网站有新浪网(Sina)、中国人(Chinaren)等。但由于 PHP 本身存在一些缺点,使得它不适合应用于大型电子商务站点,而更适合一些小型的商业站点。首先,PHP 缺乏规模支持。其次,PHP 缺乏多层结构支持。对于大负荷站点,解决方法只有一个:分布计算,即将数据库、应用逻辑层、表示逻辑层彼此分开,而且同层也可以根据流量分开,群组成二维数组。可 PHP 缺乏这种支持。还有上面提到过的一点,PHP 提供的数据库接口不统一,这就使得它不适合运用在电子商务中。

ASP 和 JSP 则没有以上缺陷。ASP 可以通过 COM/DCOM 获得 ActiveX 规模支持,通过 DCOM 和 Transcation Server 获得结构支持;JSP 可以通过 SUN Java 的 Java Class 和 EJB 获得规模支持,通过 EJB/CORBA 以及众多厂商的 Application Server 获得结构支持。

三者中,JSP 应该是未来发展的趋势。世界上一些大的电子商务解决方案提供商都采用 JSP/Servlet。比较出名的如 IBM 的 E-business,它的核心是采用 JSP/Servlet 的 WebSphere。国内的网上银行也都采用 JSP/Servlet。

总之,ASP、PHP、JSP 三者都有相当数量的支持者,由此也可以看出三者各有所长。正在学习或使用动态页面的朋友可根据三者的特点选择一种适合自己的语言。

1.2 图解开发环境

JSP 开发环境有很多种,本书采用的软件环境如下。

·操作系统:Windows 7

·开发工具:JDK8、Tomcat8.5.51、IDEA2020

下面对相关的工具安装及配置做图解说明。

1.2.1 JDK 安装及配置

1.软件下载

首先到 SUN 官方站点(https://www.oracle.com/cn/java/technologies/javase-downloads.html)下载 JDK8,如图 1-1 所示。

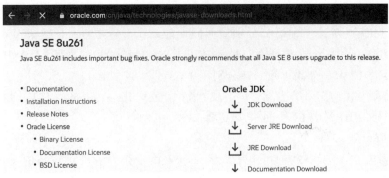

图 1-1   JDK8 官方站点

点击"JDK Download",Platform 选择 Windows x64 平台,找到 jdk-8u261-windows-x64.
exe,如图 1-2 所示。

图 1-2   下载 JDK

最后,点击并下载"jdk-8u261-windows-x64.exe"。

2.JDK 安装

下载完成后双击"jdk-8u261-windows-x64.exe",进入安装阶段,如图 1-3 所示。

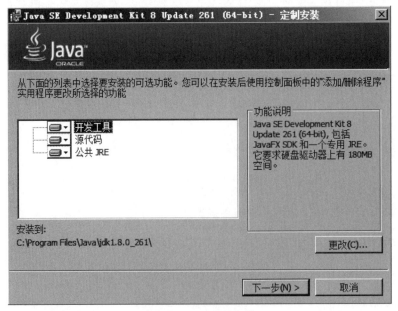

图 1-3   JDK 安装【1】

这里可以直接点击"下一步",如果想更改安装路径,也可以在这里点击"更改"进行修
改,将安装路径更改为 C:\JDK8,如图 1-4 所示。

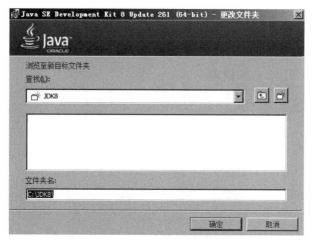

图1-4 JDK安装【2】

在图1-4中,点击确定后,进入安装过程,如图1-5所示。

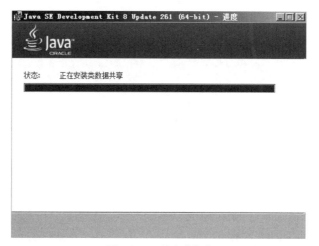

图1-5 JDK安装【3】

安装完成后,如图1-6所示。

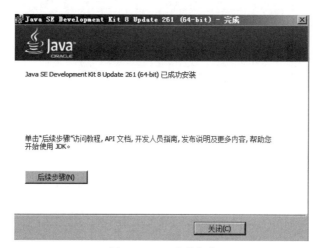

图1-6 JDK安装【4】

3.JDK 环境变量配置

右击"我的电脑"后再点击"属性",如图 1-7 所示。

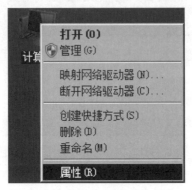

图 1-7　右键点击"我的电脑"

进入如图 1-8 所示界面。选择"高级"标签,可以看到"环境变量"按钮。

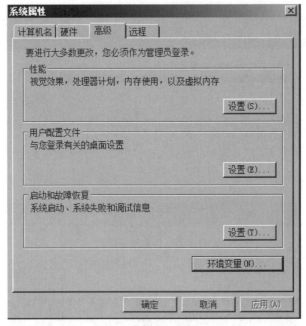

图 1-8　系统属性

点击"环境变量"按钮,进入如图 1-9 所示界面。

图1-9　环境变量

　　在"环境变量"界面中,点击"新建",弹出"新建系统变量"窗口,如图1-10所示。在这里输入变量名JAVA_HOME,变量值为C:\JDK8,最后点击确定,这样一个名为JAVA_HOME的环境变量就设置好了。

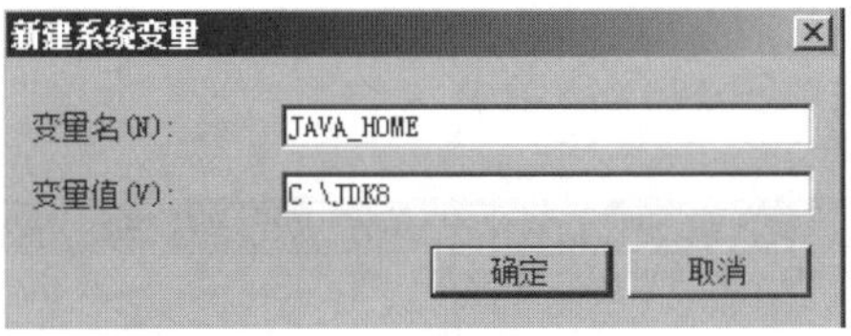

图1-10　新建系统变量

　　紧接着,需要找到Path变量并编辑它,在变量值的最前面添加如下内容:".;%JAVA_HOME%\bin;",再点击确定,这样Path系统变量就修改好了。

　　说明:这里的"%JAVA_HOME%"表示取出上面系统变量名为JAVA_HOME的变量值"C:\JDK8",这样做的好处是如果以后JDK安装路径变化了,也只需要修改系统变量JAVA_HOME的对应值就可以,而不用再修改Path变量,如图1-11所示。

图1-11　编辑系统变量

　　至此,JDK环境变量配置完成。

4.测试是否配置成功

在"开始"→"运行"里输入 cmd，点击"确定"，进入 DOS，如图 1-12 所示。

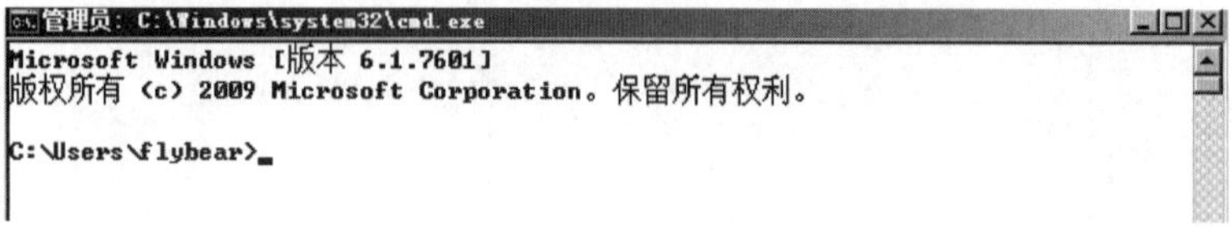

图 1-12   DOS 环境

输入 java 后，显示信息如图 1-13 所示。

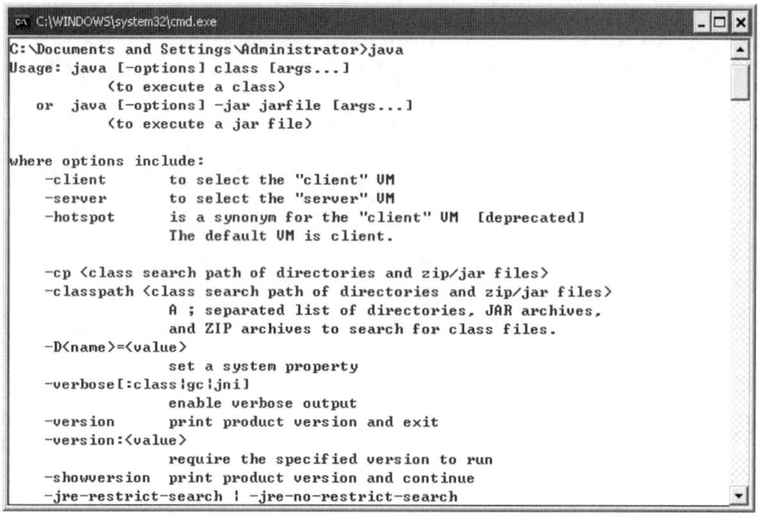

图 1-13   输入 java 后显示信息

输入 javac 后，显示信息如图 1-14 所示。

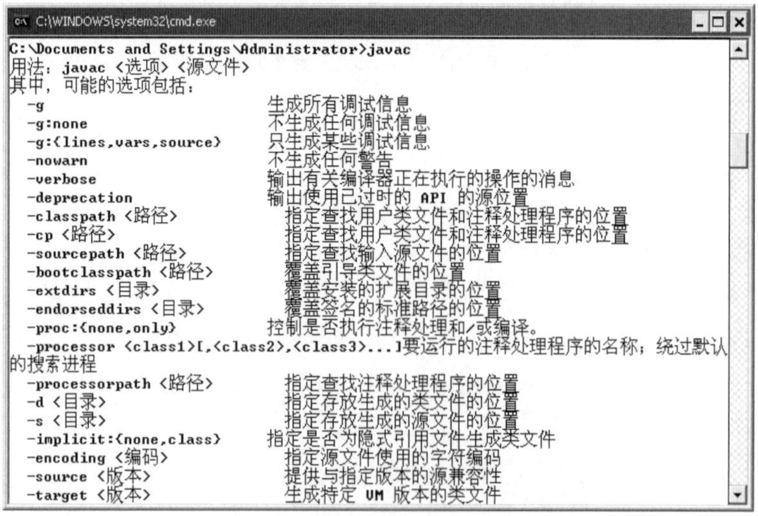

图 1-14   输入 javac 后显示信息

如果以上信息能够正常显示，说明 JDK 已安装成功。下面我们拿个简单例子进一步验证一下。

用记事本写一个简单的 Java 程序,程序功能为输出"Hello World!",文件命名为 HelloWorld.java,保存在 C 盘根目录下,代码如下:

```
class HelloWorld
{
    public static void main(String[] args){
        System.out.println("Hello World!");
    }
}
```

在 DOS 环境下,我们进到 C 盘根目录下,输入 javac HelloWorld.java 进行编译。如图 1-15 所示,没有错误提示,说明已经成功通过编译,编译仅仅检查语法是否正确,并不表示能够正常运行。

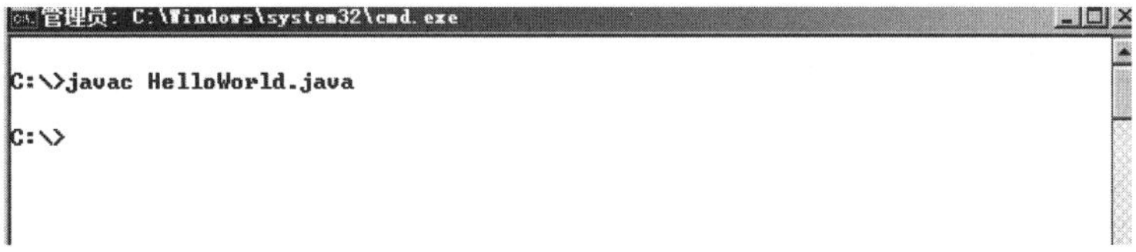

图 1-15 编译类

此时,我们输入 dir *.class 命令来查找所有后缀名为 class 的文件。如图 1-16 所示,可以看出,经过编译后,生成了一个字节码文件,名叫 HelloWorld.class,接下去我们就可以运行这个字节码文件。

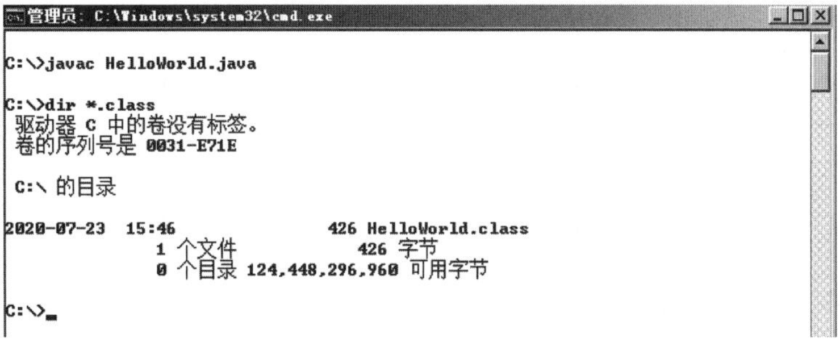

图 1-16 查找编译后文件

在 DOS 下输入 java HelloWorld(注意字母大小写要严格区分)后,如图 1-17 所示。

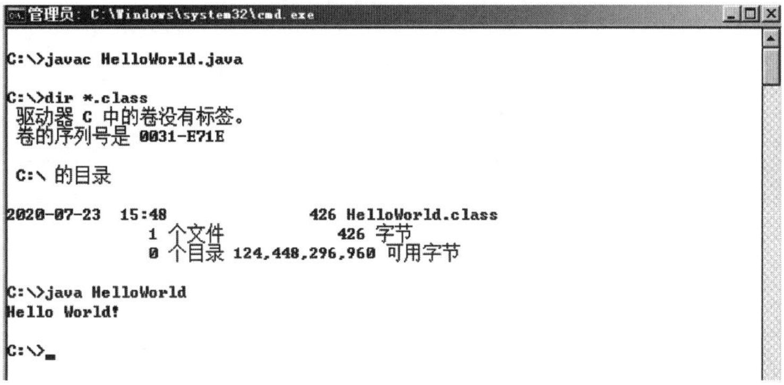

图 1-17 运行 class 文件

1.2.2　Tomcat安装及配置

1.软件下载

首先到 Tomcat 官方站点(https://archive.apache.org/dist/Tomcat/Tomcat-8/v8.5.51/bin)下载 Tomcat,这里下载较新的 apache-tomcat-8.5.51.zip,如图1-18所示。

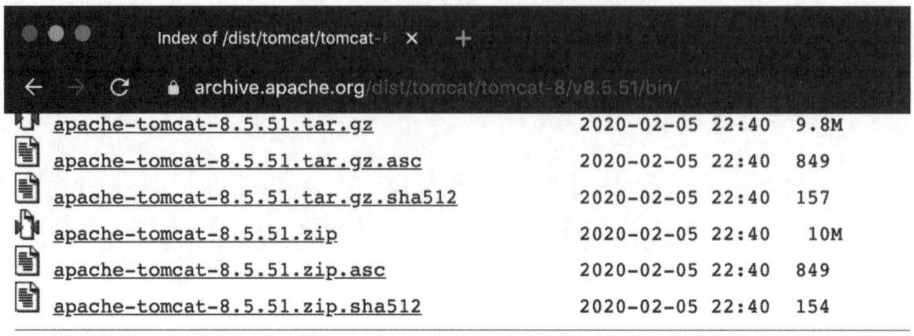

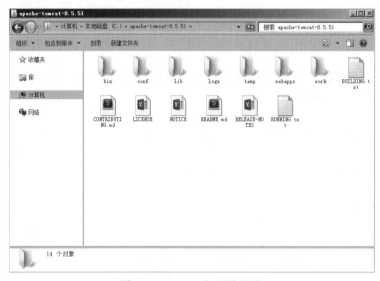

图1-18　Tomcat官方站点

点击 apache-tomcat-8.5.51.zip 进行下载。

2.Tomcat安装

由于下载 apache-tomcat-8.5.51.zip 是属于解压缩版,所以不需要安装,直接解压缩即可使用,这里解压缩到 C 盘根目录下,如图1-19所示。

图1-19　Tomcat解压缩目录

Tomcat 8.X 对其中的目录做了合并精简,图1-19所示的各目录说明如表1-1所示:

表1-1　各目录说明

目录	说明
bin	存放 Windows 或 Linux 平台上启动和关闭 Tomcat 的脚本文件
conf	存放 Tomcat 服务器的各种全局配置文件,其中最重要的是 server.xml 和 web.xml
logs	存放 Tomcat 执行时的日志文件

目录	说明
webapps	Tomcat的主要Web发布目录,默认情况下把Web应用文件放于此目录
work	存放JSP编译后产生的class文件
lib	存放Tomcat服务器及所有Web应用都可以访问的JAR文件
temp	运行过程存放临时文件

3.测试安装是否成功

进入bin目录,点击startup.bat,如图1-20所示。

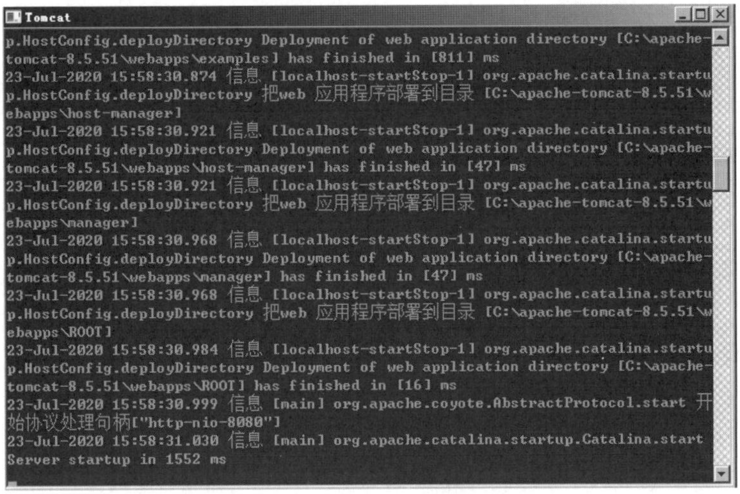

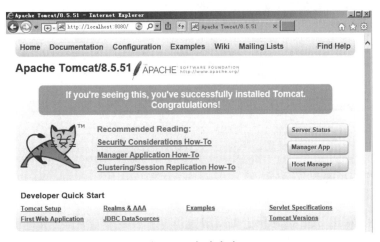

图1-20 启动Tomcat

出现图1-20显示内容,说明Tomcat已经成功启动,接着我们打开浏览器,在地址栏里输入http://localhost:8080,结果出现了我们所熟悉的页面,如图1-21所示,这说明Tomcat能够正常使用。

图1-21 启动成功

关闭Tomcat服务器时,双击shutdown.bat。

4.配置

在Tomcat的各个子目录中,webapps目录是存放站点的默认路径,如果根据Web站点结构直接在里面新建一个Web站点的话,比如新建一个站点名为demo,里面有一个网页名为first.jsp,那么就可以直接通过如下方式进行访问:

http://localhost:8080/demo/first.jsp

下面,我们来讨论Web站点的目录结构问题。

Web站点具有固定的目录结构,比如开发一个demo的站点,在webapps目录下创建这个目录结构。表1-2是对Web站点中的各个目录的说明。

表1-2　Web站点中各目录说明

目录	说明
/demo	Web应用的根目录,所有的JSP和HTML文件都存放于此目录下
/demo/WEB-INF	存放Web应用的发布描述文件web.xml
/demo/WEB-INF/classes	存放各种class文件,Servlet类文件也放于此目录
/demo/WEB-INF/lib	存放Web应用所需的各种JAR文件,比如可以存放JDBC驱动程序的JAR文件

刚才我们看到在IE里默认是通过8080端口进行访问的,那如何修改这样的端口呢? 其实很简单,我们可以通过conf目录下的server.xml进行相关配置。如图1-22所示,可以直接在这里将8080改成任何你想要的并且与其他应用不冲突的端口。

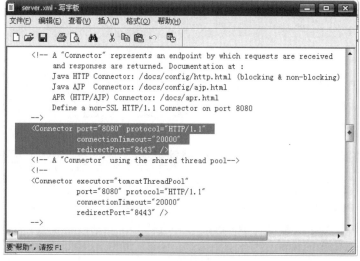

图1-22　更改端口

1.2.3　IDEA安装及配置

IDEA全称IntelliJ IDEA,是用于Java编程语言开发的集成环境(也可用于其他语言)。IntelliJ在业界被公认为最好的Java开发工具之一,尤其在智能代码助手、代码自动提示、重构、JavaEE支持、Ant、JUnit、CVS整合、代码审查、创新的GUI设计等方面的功能可以说是表现优秀。

IntelliJ IDEA分为Ultimate Edition和Community Edition两个版本,即旗舰版和社区版。旗舰版可以免费试用30天,同时还支持HTML、CSS、PHP、MySQL、Python等,社区版本免费使用,但是功能上对比旗舰版有所缩减,只支持Java等少数语言。

在https://www.jetbrains.com/idea/下载IDEA旗舰版试用版,作为开发用途,此外还需要配置JDK及Tomcat。

完整文件名为ideaIU-2020.1.4.exe。

1.软件安装

下面是其具体安装过程。

图1-23所示,是安装前的欢迎界面。

图1-23　IDEA安装步骤【1】

开始安装界面如图1-24所示,这里点击"下一步(Next)"。

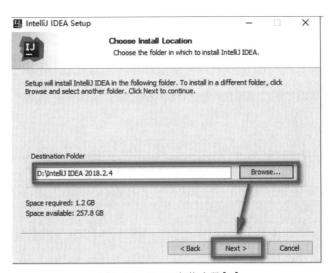

图1-24　IDEA安装步骤【2】

如图1-25所示,有选择性地对选项进行勾选,并点击"下一步"。如图1-26所示,点击"Install"进入下一步。

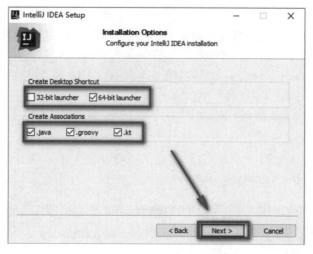

图 1-25　IDEA 安装步骤【3】

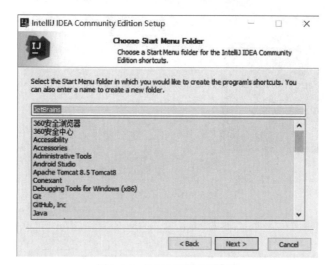

图 1-26　IDEA 安装步骤【4】

图 1-27 所示是安装过程的界面图。安装完成后,如图 1-28 所示。

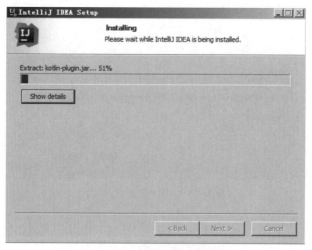

图 1-27　IDEA 安装步骤【5】

图 1-28　IDEA 安装步骤【6】

2.软件启动

双击"IDEA",显示欢迎页面,如图 1-29 所示。

图 1-29　IDEA 启动【1】

启动成功后,出现弹出框,分别为"新建工程、打开或导入工程、从版本控制系统获取",如图 1-30 所示。

图 1-30　IDEA 启动【2】

点击"Create New Project"后,界面如图 1-31 所示。

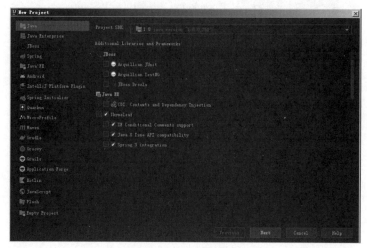

图 1-31　IDEA 启动【3】

3.软件配置

下面介绍如何将 IDEA 和 Tomcat,以及 JDK 绑定在一起。

打开 IDEA 后,选择"Create New Project",如图 1-32 所示。

图 1-32　JDK 绑定【1】

进入界面,如果显示 NO SDK,找到之前安装的 JDK 所在路径,然后点击"Next",如图 1-33 所示。

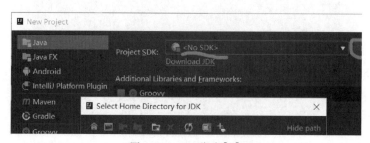

图 1-33　JDK 绑定【2】

以上是在 IDEA 中绑定 JDK 的方法。

下面,接着介绍绑定 Tomcat 的方法。

同样,打开 IDEA 后,依次点击"file→Settings...",如图 1-34 所示。

图 1-34　TOMCAT 绑定【1】

输入 Tomcat,确保复选框打钩。下一步点击右上角下拉选择"Edit Configurations...",如图 1-35 所示。

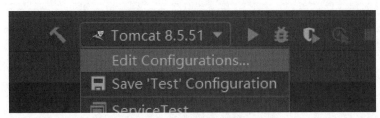

图 1-35　TOMCAT 绑定【2】

点击"+"号,如图 1-36 所示。

图 1-36　TOMCAT 绑定【3】

接着点击 Tomcat Server->Local,点击右侧的 Configure,选择本地下好的 Tomcat 路径,如图 1-37 所示。

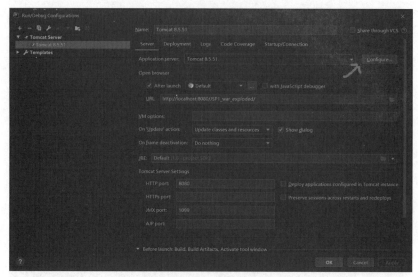

图 1-37　TOMCAT 绑定【4】

选择添加下载好的 Tomcat，如图 1-38 所示。

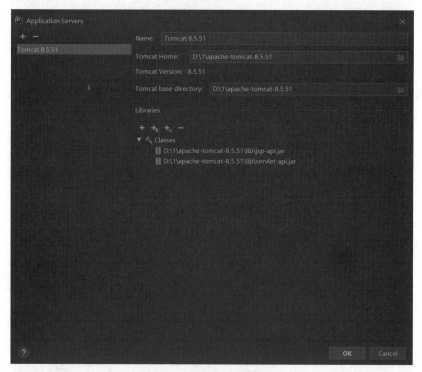

图 1-38　TOMCAT 绑定【5】

至此，Tomcat 服务器的绑定也介绍完毕。

4. 测试

为了验证上述绑定是否有效，这里写一个简单的小程序作为测试之用。

打开 IDEA，依次点击"File→New→Project"后，选择"IDEA→Web Application"，点击"Next"，输入工程名字为 Demo，点击"Finish"完成工程的创建，如图 1-39 所示。

图1-39　新建工程

右键点击"Demo→web→JSP",弹出界面,如图1-40所示。

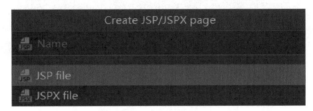

图1-40　新建JSP

之后输入要创建的JSP文件名,这里文件名为index.jsp,如图1-41所示。创建完成后展开工程,位置为"Demo/Web/index.jsp"。

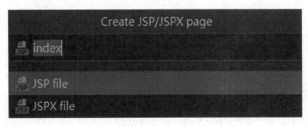

图1-41　JSP

【index.jsp源代码】

```
<%@ page language="java" import="java.util.*" pageEncoding="UTF-8"%>
<!DOCTYPE HTML PUBLIC "-//W3C//DTD HTML 4.01 Transitional//EN">
<html>
    <head>
        <title>测试页面</title>
```

```
    </head>
    <body>
        <center>
            欢迎进入JSP世界
        </center>
        <hr color="red" width="100%" size="1">
        现在时间是：
        <%=new Date() %>
    </body>
</html>
```

点击右上角或者点击file->Project structure，如图1-42所示。

图1-42　启动Tomcat【1】

打开可以看到jdk的安装选择情况，如图1-43所示。

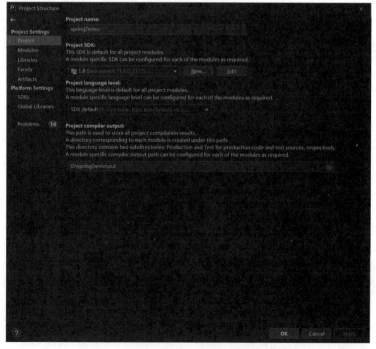

图1-43　启动Tomcat【2】

选择Deployment,点击"+"号选择Artifact添加我们新建项目然后点击ok即可,如图1-44所示。

图1-44 启动Tomcat【3】

添加完成后,启动Tomcat,如图1-45所示。

图1-45 启动Tomcat【4】

点击右绿色箭头或者"run"运行后,稍作片刻,在IDEA整个开发环境的下面会有如下提示信息,如图1-46所示,说明已经正常启动了服务器。

图1-46 Tomcat启动成功信息

此时,打开IE浏览器,在地址栏里输入如下URL"http://localhost:8080/Demo",运行结果,如图1-47所示。

图1-47 JSP测试

　　至此,在 IDEA 开发环境中,从一个简单的 JSP 页面的编写、部署到运行的整个过程就操作完毕。

1.3　语法介绍

　　本节将对 JSP 的语法做一个小的总结,旨在让读者对 JSP 有个大概的了解,更为详细的介绍将在第 2 章中进行。

1.3.1　JSP 页面中的元素

　　JSP 使得我们能够分离页面的静态 HTML 和动态部分。HTML 可以用任何通常使用的 Web 制作工具编写,编写方式也和原来的一样;动态部分的代码放入特殊标记之内,大部分以"<%"开始,以"%>"结束。

　　JSP 页面文件通常以 .jsp 为扩展名,从代码编写来看,JSP 页面更像普通 Web 页面而不像 Servlet,但实际上,JSP 最终会被转换成正规的 Servlet,静态 HTML 直接输出到和 Servlet service 方法关联的输出流。

　　JSP 到 Servlet 的转换过程一般在出现第一次页面请求时进行。因此,第一个用户会由于 JSP 页面转换成 Servlet 而需等待较长的时间,如果希望确保 Servlet 已经正确地编译并装载,你可以在安装 JSP 页面之后自己请求一下这个页面,这样 JSP 页面就已经被转换成 Servlet 了,之后所有的请求都不需要由于 JSP 页面转换成 Servlet 而等待太长的时间。

　　另外也请注意,许多 Web 服务器允许定义别名,所以一个看起来指向 HTML 文件的 URL 实际上可能指向 Servlet 或 JSP 页面。

　　除了普通 HTML 代码之外,嵌入 JSP 页面的其他成分主要有如下三种:脚本元素、指令、动作。

　　脚本元素用来嵌入 Java 代码,这些 Java 代码将成为转换得到的 Servlet 的一部分;JSP 指令用来从整体上控制 Servlet 的结构;动作用来引入现有的组件或者控制 JSP 引擎的行为。

　　为了简化脚本元素,JSP 定义了一组可以直接使用的变量(即内置对象),比如 request。

1.3.2　JSP 语法概要

1.JSP 表达式

　　语法:<%= expression %>

　　说明:计算表达式并输出结果。

　　可以使用的预定义变量包括 : request, response, out, session, application, config, pageContext, exception。这些预定义变量也可以在 JSP Scriptlet 中使用。当然也可以自己构建一个表达式(expression,如<%="hello world!"%>表示输入一个字符串"hello world!")

2.JSP Scriptlet

　　语法:<% code %>

说明:这里的code必须要符合Java语法。

如:<% System.out.println("Hello world!"); %> 就会在后台输出"Hello world!"。

3.JSP声明

语法:<%! code %>

说明:在JSP转换成servlet的过程中,该代码会被插入到Servlet类(在service方法之外)。

4.page指令

语法:<%@ page 属性="val" %>

说明:作用于Servlet引擎的全局性指令。

合法的属性如下:

import="package.class"	contentType="MIME-Type"	isThreadSafe="true|false"
session="true|false"	buffer="size kb|none"	autoflush="true|false"
extends="package.class"	info="message"	errorPage="URL"
isErrorPage="true|false"	language="java"	

5.include指令

语法:<%@ include file="URL" %>

说明:当JSP转换成Servlet时,应当包含本地系统上的指定文件。

6.JSP注释

语法:<%-- comment --%>

说明:JSP转换成Servlet时被忽略。如果要把注释嵌入结果HTML文档,使用普通的HTML注释标记<-- comment -->。

7.jsp:include动作

语法:<jsp:include page="relative URL" flush="true"/>

说明:当Servlet被请求时,引入指定的文件。如果你希望在页面转换时包含某个文件,使用JSP include指令。注意:在某些服务器上,被包含文件必须是HTML文件或JSP文件,具体由服务器决定(通常根据文件扩展名判断)。

8.jsp:useBean动作

语法:<jsp:useBean 属性=val*/> 或者<jsp:useBean 属性=val*> ... </jsp:useBean>

说明:寻找或实例化一个JavaBean。

可能的属性包括:

id="name"	class="package.class"
scope="page|request|session|application"	type="package.class"
beanName="package.class"	

9.jsp:setProperty动作

语法:<jsp:setProperty 属性=val*/>

说明:设置Bean的属性。

合法的属性包括:

name="beanName"

property="propertyName|*"

param="parameterName"

value="val"

10.jsp:getProperty 动作

语法：<jsp:getProperty name="propertyName" value="val"/>

说明：提取并输出 Bean 的属性。

11.jsp:forward 动作

语法：<jsp:forward page="相对路径"/>

说明：把请求转到另外一个页面。

12.jsp:plugin 动作

语法：<jsp:plugin attribute="value"*></jsp:plugin>

说明：根据浏览器类型生成 OBJECT 或者 EMBED 标记，以便通过 Java Plugin 运行 Java Applet。

1.3.3　模板文本(静态 HTML)

举个例子，如果要用 JSP 来开发一个小程序，功能是输出 hello world。

很容易想到有两种方式可以实现：

1.第一种方法

采用 Servlet 编程来实现。

【Servlet 部分源代码】

```
public void doGet(HttpServletRequest request, HttpServletResponse response)
        throws ServletException, IOException {
    response.setContentType("text/html");
    PrintWriter out = response.getWriter();
    out.println("<HTML><HEAD><TITLE>A Servlet</TITLE></HEAD>");
    out.print("<BODY>Hello World</BODY>"</HTML>");
    out.flush();
    out.close();
}
```

由此可见，原理是通过 Java 程序打印出 HTML 页面。

具体 Servlet 的编写以及运行方法要等以后再一并介绍。

2.第二种方法：

在 HTML 的基础上嵌入 Java 代码。

【JSP 源代码】

```
<%@ page language="java" pageEncoding="UTF-8"%>
<!DOCTYPE HTML PUBLIC "-//W3C//DTD HTML 4.01 Transitional//EN">
```

```
<html>
  <head>
    <title>My JSP 'index.jsp' starting page</title>
    </head>
  <body>
    <%out.println("Hello World"); %>
  </body>
</html>
```

3.对比分析

通过以上两种方法对比,可以发现第一种方法维护起来比较困难,如果 HTML 页面需要变动,则 servlet 变动就会很大,而且程序员和美工不能分工合作,界面布局也很难控制;但第二种方法就不同了,利用第二种方法,可以直接在 HTML 中嵌入 Java 代码,不影响页面的布局,这样程序员编写程序和界面美工设计可以同步进行,大大提高了开发效率,而且很重要的一点是后期的维护比较简单。

鉴于此,现在许多时候,JSP 页面的很大一部分都由静态 HTML 构成,这些静态 HTML 往往也被称为"模板文本"。模板文本和普通 HTML 几乎完全相同,它们都遵从相同的语法规则,而且模板文本也是被 Servlet 直接发送到客户端。此外,模板文本也可以用任何现有的页面制作工具来编写。唯一的例外在于,如果要输出动态内容,则以"<%"开始,以"%>"结束,且它们是成对出现的。

1.4 运行第一个 JSP 程序

现在我们来运行第一个 JSP 程序,让读者对 JSP 有一个比较直观的了解。

在运行第一个实例前先来了解一下 JSP 基本结构、交互过程以及 JSP 引擎的工作原理。

1.JSP 基本结构

```
<%@ page contentType="text/html;charset=gb2312" %>
<%@ page import="java.util.*" %>
...
<HTML>
  <BODY>
其他 HTML 语言
<%
  符合 JAVA 语法的 JAVA 语句
%>
```

```
    其他 HTML 语言
    </BODY>
</HTML>
```

2.交互过程的流程

在一般的客户端和服务器端的交互中,是用 HTTP 协议。

客户端通过下面4个步骤和服务器段进行交互:

客户端和服务器端建立连接→发送客户端请求→服务器返回应答给客户→客户端关闭连接。

所有的请求都是由客户端主动发出的,而服务器一直处于被动的监听状态。用户在浏览器键入要访问的地址,按回车键确认后,浏览器开始与服务器建立连接,从这时开始,就开始了一次交互过程。浏览器通过一段时间的等待后,从服务器得到响应,并且把响应的信息以 HTML 方式呈现给用户。用户在浏览网站的过程中,实际上包含了很多这样的交互应答过程。在客户端与 JSP 页面的交互过程中,只有服务器接收请求和返回应答的动作可能不一样,其他与上面过程基本一致。

基本情况如下:

(1)服务器在收到一个请求后首先要分析这个请求,如果请求的页面只是一般的 HTML 页面,服务器就直接读出 HTML 页面并返回给客户端;

(2)如果客户端请求的是 JSP 页面,服务器调用 JSP 引擎翻译处理所请求的 JSP 页面,并将翻译和处理之后的 HTML 返回给客户端;

(3)如果遇到 JavaBeans 组件,JSP 引擎将调用相应的 JavaBeans 组件,得到 JavaBeans 的返回值,最后返回给 JSP 页面。

3.JSP 引擎的工作原理

当一个 JSP 页面第一次被访问的时候,JSP 引擎将执行以下步骤:

(1)将 JSP 页面翻译成一个 Servlet,这个 Servlet 是一个 Java 类,同时也是一个完整的 Java 程序;

(2)JSP 引擎调用 Java 编译器对这个 Servlet 进行编译,得到字节码文件 class;

(3)JSP 引擎调用 Java 虚拟机来解释执行 class 文件,生成向客户端发送的应答,然后发送给客户端。

以上三个步骤仅仅在 JSP 页面第一次被访问时才会执行,以后的访问速度会因为 class 文件已经生成而大大提高。当 JSP 引擎接到一个客户端的访问请求时,首先会判断请求的 JSP 页面是否比对应的 Servlet 新,如果新,则对应的 JSP 需要重新编译。

4.第一个 JSP 页面

JSP 实际上是 JSP 定义的一些标记和 Java 程序段,以及 HTML 文件的混合体。如果要掌握 JSP,就必须对 HTML 有一定的了解,同时还必须有 Java 基础,最后就是对 JSP 标记的一些必要了解,所以最好对 HTML 及 Java 语言有一点了解。

JSP 简单而易学,如果你有了 HTML 的基础,再加上掌握一点点的 Java 语法,要学会就很容易了,现在以一个简单而经典的 HelloWord 的 JSP 程序作为入门吧。

启动 JDEA,创建一个 Web 工程,命名为 Demo。

接着新建一个测试的 JSP 页面,文件名为 HelloWord.jsp。

【HelloWord.jsp 源代码】

```
<%@ page language="java" pageEncoding="UTF-8"%>
<HTML>
    <HEAD>
        <title>Hello World!</title>
    </HEAD>
    <body bgcolor="#FFFFFF">
        <%
            String msg = "JSP"; //定义字符串对象
            out.println("Hello World!");
        %>
        <%=msg%>
    </body>
</HTML>
```

接着部署 Web 应用,并启动 Tomcat,然后在打开的 IE 浏览器中,输入 http://localhost:8080/Demo/HelloWord.jsp,如果看到输出"Hello World! JSP"信息,说明第一个 JSP 程序运行成功。结果如图 1-48 所示。

图 1-48　JSP 入门

从本例可以看出,JSP 入门还是比较简单,从第 2 章开始,我们就要正式进入 JSP 的学习。

1.5　入门实例(显示日期时间)

本例演示当前系统时间的显示,显示格式为:"2021 年 3 月 4 日　星期四　11 点 55 分 5 秒"。

文件 header.jsp,该文件在本系统中作为每个文件的首部存在的,这样其他页面只要包含本文件就可以实现所有页面的首部相同,便于维护。

【header.jsp源代码】

```
<%@ page language="java" pageEncoding="utf-8"%>
<%@ page import="java.util.*" %>
<%-- 这是隐藏注释内容 --%>
<!--
当前加载时间:<%= (new java.util.Date()).toLocaleString() %>
-->
<!-- 通过声明、脚本和表达式,实现时间显示-->
<%!//
//定义变量
int  year,month,date,day,hour,miniute,second;
//定义方法
public  String  showTime(){
    String str="",temp="";
    Calendar cl = Calendar.getInstance();
    year = cl.get(Calendar.YEAR);
    month = cl.get(Calendar.MONTH)+1;
    date = cl.get(Calendar.DAY_OF_MONTH);
    day = cl.get(Calendar.DAY_OF_WEEK);
    switch(day){
        case  1:
            temp="日"; break;
        case  2:
            temp="一"; break;
        case  3:
            temp="二"; break;
        case  4:
            temp="三"; break;
        case  5:
            temp="四"; break;
        case  6:
            temp="五"; break;
        case  7:
            temp="六"; break;
    }
    hour = cl.get(Calendar.HOUR_OF_DAY);
    miniute = cl.get(Calendar.MINUTE);
    second = cl.get(Calendar.SECOND);
    str = year+"年"+month+"月"+date+"日    星期"+temp+" "+hour+"点
```

```
"+miniute+"分"+second+"秒";
    return str;
}
%>
<table width="100%" height="98" border="0" cellpadding="0" cellspacing="1"
background="image/logo.JPG">
  <tr>
    <td> </td>
  </tr>
</table>
<table width="100%" height="15" border="0" cellpadding="0" cellspacing="1">
  <tr>
    <td width="147" align="left"><% //脚本
    out.print("欢迎使用本系统<br>"); %></td>
    <td width="452">今天是:<%=showTime()%></td>
    <td width="164" align="right"><a href="logout.jsp">注销</a></td>
  </tr>
</table>
<hr align="center" width="100%" size="1" noshade>
```

运行结果

运行结果如图1-49所示。

图1-49 显示日期时间

1.6 本章小结

通过本章的学习,相信读者对JSP有了一点的了解,是的,学习JSP并不是一件难事,而且以后,你会更加感受到 JSP 的优势,其跨平台特性在 Internet 开发程序中可谓是独树一帜,因为 JSP 技术是构建于 Java 语言之上的,它的很多特性和应用都来自 Java 语言,所以要学好 JSP,需要有 Java 编程的基础(关于 Java 语言,这里就不多介绍,可以参考相应的书籍)。

1.7　习　题

1.填空题

(1)JSP 是指(　　　　)是由(　　　　　)公司倡导、许多公司参与一起建立的一种( )网页技术标准。

(2)在传统的网页(　　　　)文件(*.htm,*.html)中加入(　　　　)和(　　　　),就构成了 JSP 网页。

(3)使用 JSP 技术,Web 页面开发人员可以使用(　　　　)或者(　　　　)来设计和格式化最终页面。

(4)JSP 页面的内置脚本语言是基于(　　　　),而所有的 JSP 页面都要被编译成为(　　　　)。

(5)三种常用的动态网页技术是(　　　　)、(　　　　)、(　　　　)。

2.简答题

(1)JSP 概念以及产生背景。

(2)JSP 特点。

(3)Tomcat 运行时的默认端口以及如何自定义端口。

(4)ASP、JSP、PHP 三种技术的比较。

3.实践题

(1)JSP 环境的搭建。

(2)动手编写一个简单的 JSP 页面,并运行起来。

第2章

JSP基础学习

通过第1章的学习我们了解了什么是JSP，下面将比较系统地去了解JSP。从本章开始，在介绍JSP相关语法知识的同时，我们将结合一个人员测评系统进行学习，介绍语法所用到的例子都来自一个完整的综合实例——留言簿。

本章将要向读者介绍JSP的基本知识。需重点掌握的内容有：

·JSP的语法
·JSP的指令
·JSP的动作

2.1 JSP基本语法

如果不熟悉Java编程，就需要先学习Java编程。但是Web开发人员不需要做很多的Java开发。因为在JSP开发当中除了很少的方法调用外，页面中的Java代码应当被最小化。

下面介绍如何在JSP程序中声明合法的变量和方法。

JSP 语法:<%! declaration; [declaration;]+ ... %>

声明	<%! 声明 %>
表达式	<%= 表达式 %>
代码段/脚本段	<% 代码段 %>
指令	<%@ 指令 %>
注释	<%-- 注释 --%>

2.1.1　声　明

1. 声明变量

【例 2-1】在 header.jsp 中定义变量。

【header.jsp 部分源代码】

```
<%! //定义变量
int  year,month,date,day,hour,miniute,second;%>
```

2. 声明方法

【例 2-2】文件 header.jsp 中定义方法，返回一个显示日期时间的字符串形式。

【header.jsp 部分源代码】

```
<%!
    public  String  showTime(){
    String  str="",temp="";
    Calendar  cl = Calendar.getInstance();
    year = cl.get(Calendar.YEAR);
    month = cl.get(Calendar.MONTH)+1;
    date = cl.get(Calendar.DAY_OF_MONTH);
    day = cl.get(Calendar.DAY_OF_WEEK);
    switch(day){
        case  1:
            temp="日"; break;
        case  2:
            temp="一"; break;
        case  3:
            temp="二"; break;
        case  4:
            temp="三"; break;
        case  5:
            temp="四"; break;
        case  6:
            temp="五"; break;
        case  7:
            temp="六"; break;
    }
    hour = cl.get(Calendar.HOUR_OF_DAY);
    miniute = cl.get(Calendar.MINUTE);
```

```
    second = cl.get(Calendar.SECOND);
    str = year+"年"+month+"月"+date+"日　星期"+temp+" "+hour+"点
"+miniute+"分"+second+"秒";
    return  str;
}
%>
```

上面的声明变量和声明方法在项目开发过程中经常会用到,其中方法的作用是显示"2021年3月4日星期二四11点55分5秒"格式的日期时间。

当声明变量时候,我们必须使用<%!....%>的形式,这里必须要加"!",否则声明的变量在"JSP转换后的Servlet类"中是出现在service()方法当中,也就是说是一个局部变量。当加了!后,声明的变量就会成为一个类成员变量,即全局变量。

说明:

(1)声明你将要在JSP程序中用到的变量和方法;

(2)可以一次性声明多个变量和方法,但必须以";"结尾;

(3)声明在Java中要合法。

当你声明方法或变量时,注意以下的一些规则:

(1)可以直接使用在<%@ page %>中被包含进来的已经声明的变量和方法,不需要重新进行声明。

(2)一个声明仅在一个页面中有效。如果想每个页面都用到这些声明,最好把它们写成一个单独的文件,然后用<%@ include %>或<jsp:include >元素包含进来。

(3)声明的方法在整个JSP页面都有效,但是该方法内定义的变量只在该方法内有效。

(4)所有请求该页面的线程共享JSP页面的成员变量,任何用户对该成员变量的操作结果都影响其他客户。所以当多个用户请求一个JSP页面时,可以使用方法操作成员变量。

2.1.2 表达式

下面介绍如何包含一个符合JSP语法的表达式。

语法:<%= expression %>

【例2-3】文件header.jsp中使用表达式。

【header.jsp部分源代码】

```
<table width="100%" height="15" border="0" cellpadding="0" cellspacing="1">
  <tr>
    <td width="147" align="left"><% //脚本
    out.print("欢迎使用本系统<br>"); %></td>
    <td width="452">今天是:<%=showTime()%></td>
    <td width="164" align="right"><a href="logout.jsp">注销</a></td>
  </tr>
</table>
```

上面代码中的表达式是表示输出日期时间 showTime(),调用的是同一个文件内定义的方法。

说明:

表达式元素表示的是一个在脚本语言中被定义的表达式,在运行后被自动转化为字符串,然后插入到这个表达式在 JSP 文件的位置显示。因为这个表达式的值已经被转化为字符串,所以能在一行文本中插入这个表达式。

在 JSP 中使用表达式时记住以下几点:

(1)不能用一个分号";"来作为表达式的结束符,但如果用在 scriptlet 中就需要以分号来结尾;

(2)包括符合 Java 语言规范的任何有效表达式;

(3)一个表达式能够变得很复杂,它可能由一个或多个表达式组成,这些表达式的顺序是从左到右。

2.1.3　脚本段

下面介绍如何包含一个有效的程序段。

语法:<% 代码段 %>

【例 2-4】文件 checkLogin.jsp 中的表单读取以及检测是否登录的代码。

```jsp
<%
//表单信息读取
String username = request.getParameter("username");
String password = request.getParameter("password");
DataOperBean dob = new DataOperBean();
String condition = "username='"+username+"' and password='"+password+"'";
boolean isLogin = dob.CheckedLogin("user",condition);
%>
```

说明:

JSP 脚本的应用非常广泛,通常,Java 代码必须通过 JSP 脚本嵌入 HTML 代码。因此,所有能在 Java 程序中执行的代码,都可以通过 JSP 脚本执行。

一个 scriptlet 能够包含多个 JSP 语句、方法、变量、表达式。

有了脚本,我们便能做以下的事:

(1)声明将要用到的变量或方法(参考声明);

(2)编写 JSP 表达式(参考表达式);

(3)使用任何隐含的对象和任何用<jsp:useBean>声明过的对象;

(4)编写 JSP 语句(如果你在使用 Java 语言,这些语句必须遵从 Java 语言规范);

(5)任何文本、HTML 标记、JSP 元素必须在 scriptlet 之外。

当 JSP 收到客户的请求时,scriptlet 就会被执行,如果 scriptlet 有显示的内容,这些显示的内容就被存在 out 对象中。

2.2 JSP 的指令

JSP 的编译指令是通知 JSP 引擎的消息,它不直接生成输出。编译指令都有默认值,因此开发人员无须为每个指令设置值。

常见的编译指令有 3 个。

(1)page 指令:该指令是针对当前页面的指令;

(2)include:用于指定包含另一个页面;

(3)taglib:用于定义和访问自定义标签。

几乎所有的 JSP 页面顶部都能找到 page 指令。

2.2.1 page 指令

定义 JSP 文件中的全局属性。

语法:

```
<%@ page
    [ language="java" ]
    [ extends="package.class" ]
    [ import="{package.class | package.*}, ..." ]
    [ session="true | false" ]
    [ buffer="none | 8kb | sizekb" ]
    [ autoFlush="true | false" ]
    [ isThreadSafe="true | false" ]
    [ info="text" ]
    [ errorPage="relativeURL" ]
    [ contentType="mimeType
        [ ;charset=characterSet ]" | "text/html ; charset=ISO-8859-1" ]
    [ isErrorPage="true | false" ]
    %>
```

属性:

· language

指定文件中所使用的脚本语言,目前仅 Java 为有效值和默认值。该指令作用于整个文件,当多次使用该指令时,只有第一次使用是有效的。

· extends

标明 JSP 编译时需要加入的 Java Class 的全名,但是得慎重地使用它,它会限制 JSP 的编译能力。

·import

指定导入的 Java 软件包名或者类名列表,逗号分隔,在 JSP 文件中,可以多次使用该指令来导入不同的软件包。

如<%@ page import="java.io.*,java.util.*" %>

·session

指定 JSP 页是否使用 session,墨认为 true。

如<%@ page session="true" %>

·buffer

buffer 的大小被 out 对象用于处理执行后的 JSP 对客户浏览器的输出。缺省值是 8kb。

·autoFlush

设置如果 buffer 溢出,是否需要强制输出,如果其值被定义为 true(缺省值),输出正常;如果它被设置为 false,这个 buffer 溢出,就会导致一个意外错误的发生。如果你把 buffer 设置为 none,那么你就不能把 autoFlush 设置为 false。

·isThreadSafe

设置 JSP 文件是否能多线程使用。缺省值是 true,也就是说,JSP 能够同时处理多个用户的请求,如果设置为 false,一个 JSP 只能一次处理一个请求。

·info

一个文本在执行 JSP 将会被逐字加入 JSP 中,你能够使用 Servlet.getServletInfo 方法取回。

·errorPage

指定当前发生异常错误时,客户请求被重新定位到那个页面。

如<%@ page errorPage="errerpage.jsp" %>

·contentType

指定响应结果的 MIME 类型,默认的 MIME 类型是 text/html,默认字符编码为 ISO-8859-1。当多次使用该指令时,只有第一次使用是有效的。

如<%@ page contentType="text/html;charset=GB2312" %>

·isErrorPage

表示此 JSP 页面是否为处理异常的页面。

如<%@ page isErrorPage="true" %>

说明:

(1)<%@ page %>指令作用于整个 JSP 页面,同样包括静态的包含文件。但是不能作用于动态的包含文件,比如<jsp:include> 。

(2)可以在一个页面中用上多个<%@ page %>指令,除了 import 属性,其余属性只能用一次。

(3)无论<%@ page %>指令放在 JSP 的文件的哪个地方,作用范围都是整个 JSP 页面。为了 JSP 程序的可读性,以及好的编程习惯,最好放在 JSP 文件的顶部。

【例 2-5】error.jsp 中的 page 指令。

【error.jsp 部分源代码】

```
<%@ page language="java" pageEncoding="UTF-8" isErrorPage="true"%>
<%@ page import="java.io.PrintWriter" %>
```

【例2-6】checkLogin.jsp中的page指令。

【checkLogin.jsp部分源代码】

```
<%@ page language="java" contentType="text/html; charset=utf-8"
    pageEncoding="utf-8" errorPage="error.jsp"%>
```

2.2.2 include 指令

使用include指令可以把其他文件加入到当前的jsp页面。

格式如下：

`<%@ include file="header.inc"%>`

如此，则在当前页面中加入header.inc源代码，然后再编译整个文件。

使用include指令可以把一个页面分成不同的部分，最后再合成一个完整的文件。这样对于代码的管理及维护都将起到事半功倍的效果。

【例2-7】文件login.jsp和header.jsp、bottom.jsp。

【header.jsp源代码】

```
<%@ page language="java" pageEncoding="utf-8"%>
<%@ page import="java.util.*" %>
<%-- 这是隐藏注释内容 --%>
<!--
当前加载时间:<%= (new java.util.Date()).toLocaleString() %>
-->
<!-- 通过声明、脚本和表达式,实现时间显示-->
<%!//
//定义变量
int year,month,date,day,hour,miniute,second;
//定义方法
public String showTime(){
    String str="",temp="";
    Calendar cl = Calendar.getInstance();
    year = cl.get(Calendar.YEAR);
    month = cl.get(Calendar.MONTH)+1;
    date = cl.get(Calendar.DAY_OF_MONTH);
    day = cl.get(Calendar.DAY_OF_WEEK);
    switch(day){
        case 1:
            temp="日"; break;
        case 2:
```

```
                temp="一"; break;
        case 3:
                temp="二"; break;
        case 4:
                temp="三"; break;
        case 5:
                temp="四"; break;
        case 6:
                temp="五"; break;
        case 7:
                temp="六"; break;
    }
    hour = cl.get(Calendar.HOUR_OF_DAY);
    miniute = cl.get(Calendar.MINUTE);
    second = cl.get(Calendar.SECOND);
    str = year+"年"+month+"月"+date+"日   星期"+temp+" "+hour+"点
"+miniute+"分"+second+"秒";
    return str;
}
%>


<table width="100%" height="98" border="0" cellpadding="0" cellspacing="1"
background="image/logo.JPG">
  <tr>
    <td> </td>
  </tr>
</table>
<table width="100%" height="15" border="0" cellpadding="0" cellspacing="1">
  <tr>
    <td width="147" align="left"><% //脚本
    out.print("欢迎使用本系统<br>"); %></td>
    <td width="452">今天是:<%=showTime()%></td>
    <td width="164" align="right"><a href="logout.jsp">注销</a></td>
  </tr>
</table>
<hr align="center" width="100%" size="1" noshade>
```

【bottom.jsp 源代码】

```jsp
<%@ page language="java" pageEncoding="UTF-8"%>
<%--
只能读取上下文参数配置的"邮箱地址"
才能读取初始化参数
--%>
<%  //application 计数器应用
    String strNum = (String) application.getAttribute("Num");
    int Num = 1;
    if (strNum != null)
        Num = Integer.parseInt(strNum) + 1;
    application.setAttribute("Num", String.valueOf(Num));
%>
<table width="100%" height="40" border="0" cellpadding="0"
    cellspacing="1" bgcolor="#CCCCCC">
    <tr>
        <td align="center" valign="middle">
            开发日期:<%=pageContext.getServletContext().getInitParameter("date")%>
            联系方式:<%=pageContext.getServletContext().getInitParameter(
                                "email")%>
            访问人数:<%=Num %>
        </td>
    </tr>
</table>
```

【login.jsp 源代码】

```jsp
<%@ page language="java" contentType="text/html; charset=utf-8"
    pageEncoding="utf-8"%>
<%@ page import="cn.zmx.*" %>
<%@ include file="header.jsp"%>
<html>
<head>
<meta http-equiv="Content-Type" content="text/html; charset=utf-8">
<title>登录</title>
<style type="text/css">
<!--
.STYLE3 {font-size: 24px}
```

```
-->
</style>
</head>
<body>
<form action="checkLogin.jsp" method="post" name="form1">
<table width="279" border="0" align="center" cellpadding="0" cellspacing="1"
bgcolor="#CCCCCC">
  <tr>
    <td colspan="3" align="center"> </td>
  </tr>
  <tr>
    <td width="64" bgcolor="#FFFFFF">用户名:</td>
    <td colspan="2" bgcolor="#FFFFFF"><label>
      <input name="username" type="text" id="username" size="20">
      </label></td>
  </tr>
  <tr>
    <td bgcolor="#FFFFFF">密码:</td>
    <td colspan="2" bgcolor="#FFFFFF"><label>
      <input name="password" type="password" id="password" size="20">
      </label></td>
  </tr>
  <tr>
    <td bgcolor="#FFFFFF"> </td>
    <td width="42" bgcolor="#FFFFFF"><input type="submit" value="登录"></td>
    <td width="169" bgcolor="#FFFFFF"><input type="button" value="注册"
onClick="return openwindow()"></td>
  </tr>
</table>
</form>
<script language="javascript">
function openwindow(){
    window.open("user/register.jsp","_blank");
}
</script>
<%@ include file="bottom.jsp"%>
</body>
</html>
```

在 login.jsp 中有<%@ include file="header.jsp"%>和<%@ include file="bottom.jsp"%>
上下两条包含指令。

运行结果

运行结果如图 2-1 所示。

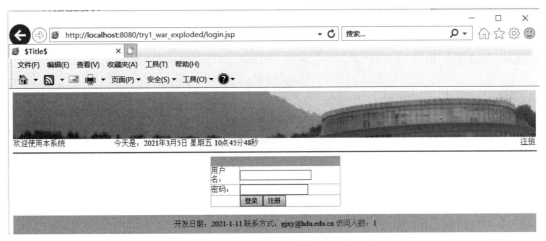

图 2-1 include指令包含首部和底部文件

2.2.3 taglib 指令

定义一个标签库以及其自定义标签的前缀。

语法：

<%@ taglib uri="URIToTagLibrary" prefix="tagPrefix" %>

说明：

声明此 JSP 文件使用了自定义的标签,同时引用标签库,也指定了它们的标签的前缀。

这里自定义的标签含有标签和元素之分。因为 JSP 文件能够转化为 XML,所以了解标签和元素之间的联系很重要。标签只不过是一个标记,是 JSP 元素的一部分。JSP 元素是 JSP 语法的一部分,和 XML 一样有开始标记和结束标记。元素也可以包含其他的文本、标记、元素。比如,一个 jsp:plugin 元素有 jsp:plugin 开始标记和/jsp:plugin 结束标记,同样也可以有 jsp:params 和 jsp:fallback 元素。

在使用自定义标签之前必须使用<%@ taglib %>指令,而且可以在一个页面中多次使用,但是前缀只能使用一次。

属性：

·uri

URI 可以是 URL(Uniform Resource Locator)、URN(Uniform Resource Name)或一个路径(相对或绝对的路径)。

·prefix

在自定义标签之前的前缀,比如,例子中的 public,如果这里不写 public,那么标签 loop 就是非法的。

注意:jsp、jspx、java、javax、servlet、sun、sunw 等保留字不允许做自定义标签的前缀。

【例 2-8】自定义标签前缀。

【index.jsp 部分源代码】

```
<%@ taglib uri="http://www.jspcentral.com/tags" prefix="public" %>
<public:loop>
…..
</public:loop>
```

2.3　JSP 的动作

JSP 动作利用 XML 语法格式的标记来控制 Servlet 引擎的行为。利用 JSP 动作可以动态地插入文件、重用 JavaBean 组件、把用户重定向到另外的页面、为 Java 插件生成 HTML 代码。
JSP 动作包括：

(1)jsp:include：在页面被请求的时候引入一个文件；

(2)jsp:useBean：寻找或者实例化一个 JavaBean；

(3)jsp:setProperty：设置 JavaBean 的属性；

(4)jsp:getProperty：输出某个 JavaBean 的属性；

(5)jsp:forward：把请求转到一个新的页面；

(6)jsp:plugin：根据浏览器类型为 Java 插件生成 OBJECT 或 EMBED 标记；

(7)jsp:param：以名值对形式为其他标签提供附加信息。

2.3.1　jsp:include 动作

向当前页面加入另一文件的方法。该动作把指定文件插入正在生成的页面。

语法：

<jsp:include page="相对 URL"　flush="true" />

属性：

·page

只能为相对 URL。

·flush

可省略不写，只能为 true。

说明：

前面已经介绍过 include 指令，它是在 JSP 文件被转换成 Servlet 的时候引入文件，而这里的 jsp:include 动作不同，插入文件的时间是在页面被请求的时候。

jsp:include 动作的文件引入时间决定了它的效率要稍微差一点，而且被引用文件不能包含某些 JSP 代码(例如不能设置 HTTP 头)，但灵活性却要好得多。

【例2-9】将login.jsp中的<%@ include file="bottom.jsp"%>改为标签。
【login.jsp部分源代码】

```
<jsp:include page="bottom.jsp">
    <jsp:param name="subTitle" value="Welcome to use this system"/>
</jsp:include>
```

在bottom.jsp的最后添加获取标签参数。
【bottom.jsp部分源代码】

```
<strong>
<%=request.getParameter("subTitle") %>
</strong>
```

修改后的login.jsp代码。
【login.jsp部分源代码】

```
<%@ page language="java" contentType="text/html; charset=utf-8"
    pageEncoding="utf-8"%>
<%@ page import="cn.zmx.*" %>
<%@ include file="header.jsp"%>
<html>
<head>
<meta http-equiv="Content-Type" content="text/html; charset=utf-8">
<title>登录</title>
<style type="text/css">
<!--
.STYLE3 {font-size: 24px}
-->
</style>
</head>
<body>
<form action="checkLogin.jsp" method="post" name="form1">
<table width="279" border="0" align="center" cellpadding="0" cellspacing="1"
bgcolor="#CCCCCC">
  <tr>
    <td colspan="3" align="center"> </td>
  </tr>
  <tr>
    <td width="64" bgcolor="#FFFFFF">用户名:</td>
```

```
        <td colspan="2" bgcolor="#FFFFFF"><label>
          <input name="username" type="text" id="username" size="20">
        </label></td>
    </tr>
    <tr>
      <td bgcolor="#FFFFFF">密码:</td>
      <td colspan="2" bgcolor="#FFFFFF"><label>
        <input name="password" type="password" id="password" size="20">
      </label></td>
    </tr>
    <tr>
      <td bgcolor="#FFFFFF"> </td>
      <td width="42" bgcolor="#FFFFFF"><input type="submit" value="登录"></td>
      <td width="169" bgcolor="#FFFFFF"><input type="button" value="注册"
onClick="return openwindow()"></td>
    </tr>
</table>
</form>
<script language="javascript">
function openwindow(){
    window.open("user/register.jsp","_blank");
}
</script>


<jsp:include page="bottom.jsp">
    <jsp:param name="subTitle" value="Welcome to use this system"/>
</jsp:include>


</body>
</html>
```

【bottom.jsp 源代码】

```
<%@ page language="java" pageEncoding="UTF-8"%>
<%--
只能读取上下文参数配置的"邮箱地址"
才能读取初始化参数
--%>
<%  //application 计数器应用
```

```
        String strNum = (String) application.getAttribute("Num");
        int Num = 1;
        if (strNum != null)
            Num = Integer.parseInt(strNum) + 1;
        application.setAttribute("Num", String.valueOf(Num));
%>
<table width="100%" height="40" border="0" cellpadding="0"
    cellspacing="1" bgcolor="#CCCCCC">
    <tr>
        <td align="center" valign="middle">
            开发日期:<%=pageContext.getServletContext().getInitParameter("date")%>
            联系方式:<%=pageContext.getServletContext().getInitParameter(
                                "email")%>
            访问人数:<%=Num %>
        </td>
    </tr>
</table>
<strong>
<%=request.getParameter("subTitle") %>
</strong>
```

运行结果

运行结果如图2-2所示。

图2-2　include动作包含底部文件并接收传递的参数

include指令和include动作的区别如表2-1所示。

表2-1　include指令和include动作的区别

include指令	include动作
include编译指令是在JSP程序的转换时期就将file属性所指定的程序内容嵌入,然后再编译执行;	而include指令在转换时期是不会被编译的,只有在客户端请求时期如果被执行到才会被动态地编译载入
只生成一个class文件	多个
不能带参数	可以带参数
同一个request对象	不同的request对象,可以取得包含它的页面的参数,并添加了自己的参数
常用	不常用

2.3.2　jsp:useBean动作

jsp:useBean动作用来装载一个将在JSP页面中使用的JavaBean。这个功能非常有用,因为它使得我们既可以发挥Java组件重用的优势,同时也避免了损失JSP区别于Servlet的方便性。

最简单的语法为:

<jsp:useBean id="name" class="package.class" />

属性:

·id

指定该Bean的引用ID。

·class

指定Java类,包括完整的包名类名。

功能:

创建一个由class属性指定的类的实例,然后把它绑定到其名字由id属性给出的变量上。接下去,我们会看到定义一个scope属性可以让Bean关联到更多的页面。此时,jsp:useBean动作只有在不存在同样id和scope的Bean时才会创建新的对象实例,同时,获得现有Bean的引用就变得很有必要。

获得Bean实例之后,要修改Bean的属性,既可以通过jsp:setProperty动作进行,也可以在脚本段中利用id属性所命名的对象变量,通过调用该对象的方法显式地修改其属性。当我们说"某个Bean有一个类型为XXX的属性a"时,就意味着"这个类有一个返回值类型为XXX的getA()方法,还有一个setA()方法以XXX类型的值为参数"(关于JavaBean内容这里不做介绍,等到JavaBean章节再进行详细介绍)。

有关jsp:setProperty动作的详细情况在后面讨论。但现在必须了解的是,我们既可以通过jsp:setProperty动作的value属性直接提供一个值,也可以通过param属性声明Bean的属性值来自指定的请求参数,还可以列出Bean属性表明它的值应该来自请求参数中的同名变量。

在JSP表达式或Scriptlet中读取Bean属性,通过调用相应的getXXX方法实现,或者更一般地使用jsp:getProperty动作。

注意包含Bean的类文件应该放到服务器正式存放Java类的目录下,而不是保留给修改后能够自动装载的类的目录。例如,对于Java Web Server来说,Bean和所有Bean用到的类都应该放入classes目录,或者封装进jar文件后放入lib目录,但不应该放到servlets下。

【例 2-10】用户注册 register.jsp、addUser.jsp 和 UserBean.java。

【UserBean.java 源代码】

```java
package cn.zmx;

public class UserBean {
    private String username;
    private String password;

    public String getUsername() {
        return username;
    }

    public void setUsername(String username) {
        this.username = username;
    }

    public String getPassword() {
        return password;
    }

    public void setPassword(String password) {
        this.password = password;
    }
}
```

【register.jsp 源代码】

```jsp
<%@ page language="java" contentType="text/html; charset=utf-8"
    pageEncoding="utf-8"%>
<%@ include file="header.jsp"%>
<!-- 用户注册 -->
<!DOCTYPE html PUBLIC "-//W3C//DTD HTML 4.01 Transitional//EN"
"http://www.w3.org/TR/html4/loose.dtd">
<html>
<head>
<meta http-equiv="Content-Type" content="text/html; charset=utf-8">
<title>注册</title>
<style type="text/css">
```

```
<!--
.STYLE3 {font-size: 24px}
-->
</style>
</head>
<body>

<form name="form1" method="post" action="addUser.jsp">
  <table width="279" border="0" align="center" cellpadding="0" cellspacing="1"
bgcolor="#CCCCCC">
    <tr>
      <td colspan="2" align="center">用户注册</td>
    </tr>

    <tr>
      <td width="64" bgcolor="#FFFFFF">用户名:</td>
      <td bgcolor="#FFFFFF"><label>
        <input name="username" type="text" id="username" size="20">
      </label></td>
    </tr>
    <tr>
      <td bgcolor="#FFFFFF">密码:</td>
      <td bgcolor="#FFFFFF"><label>
        <input name="password" type="password" id="password" size="20">
      </label></td>
    </tr>
    <tr>
      <td bgcolor="#FFFFFF"> </td>
      <td bgcolor="#FFFFFF"><input name="submit" type="submit" value="注册">
</td>
    </tr>
  </table>
</form>
<%@ include file="../bottom.jsp"%>
</body>
</html>
```

添加用户页面 addUser.jsp,将表单的值赋值给 UserBean 对象。

【addUser.jsp 源代码】

```
<%@ page contentType="text/html; charset=utf-8" language="java" errorPage="" %>
<%@ include file="header.jsp"%>
<html>
<head>
<meta http-equiv="Content-Type" content="text/html; charset=utf-8" />
<title>添加注册</title>
</head>
<body>

<jsp:useBean id="user" class="cn.zmx.UserBean"/>
<%--因表单中的参数与javabean中的属性名相同,所以这里 property="*",
服务器会查看所有的 Bean 属性和请求参数,如果两者名字相同则自动赋值--%>
请确认注册信息<br>
<hr align="center" width="100%" size="1" noshade>
<%--设置 bean 属性--%>
<jsp:setProperty name="user" property="*"/>
<%--获取 bean 属性--%>
<jsp:getProperty name="user" property="username"/><br>
<jsp:getProperty name="user" property="password"/>
<hr align="center" width="100%" size="1" noshade>
<%
//将 user 存入 session,以便在 jsp 间传递对象
session.setAttribute("user",user);
%>
<a href="addUser_do.jsp">完成注册</a><br>
<a href="javascript:history.go(-1)">返回</a>
<%@ include file="../bottom.jsp"%>
</body>
</html>
```

运行结果

输入用户名"zhangsan",密码为"123",运行结果如图 2-3 所示。

图2-3　useBean动作设置并获取bean属性值【1】

点击"注册",如图2-4所示。

图2-4　useBean动作设置并获取bean属性值【2】

如果在运行过程中出现如下异常错误:

org.apache.jasper.JasperException: Unable to compile class for JSP:

An error occurred at line: 23 in the generated java file

The method getJspApplicationContext(ServletContext) is undefined for the type JspFactory

Stacktrace:

    rg.apache.jasper.compiler.DefaultErrorHandler.javacError(DefaultErrorHandler.java:92)

      org.apache.jasper.compiler.ErrorDispatcher.javacError(ErrorDispatcher.java:330)

      org.apache.jasper.compiler.JDTCompiler.generateClass(JDTCompiler.java:423)

      org.apache.jasper.compiler.Compiler.compile(Compiler.java:308)

      org.apache.jasper.compiler.Compiler.compile(Compiler.java:286)

      org.apache.jasper.compiler.Compiler.compile(Compiler.java:273)

    org.apache.jasper.JspCompilationContext.compile(JspCompilationContext.java:566)

    org.apache.jasper.servlet.JspServletWrapper.service(JspServletWrapper.java:317)

      org.apache.jasper.servlet.JspServlet.serviceJspFile(JspServlet.java:320)

      org.apache.jasper.servlet.JspServlet.service(JspServlet.java:266)

      javax.servlet.http.HttpServlet.service(HttpServlet.java:803)

（1）原因及解决办法：

和Tomcat8有关，因为在工程的lib中添加了很多包，把它们一删JSP就不再异常了。

工程中和Tomcat8 lib中重复的包在加载时是先被加载（也就是Tomcat8中相同的包没有被加载），而工程中的包版本要比Tomcat8中的低，从而造成上面的异常。

因此，对照Tomcat中的包，发现工程中出现诸如catalina.jar、jsp-api.jar、servlet-api.jar等这样的重复包，把它们从工程中删了就应该行了。

这里我们在发布后的Web应用中的WEB-INF\lib下删除"javax.servlet.jar、javax.servlet.jsp.jar"即可解决问题。

（2）关于jsp:useBean的进一步说明：

使用Bean最简单的方法是先用下面的代码装载Bean：

<jsp:useBean id="name" class="package.class" />

然后通过jsp:setProperty和jsp:getProperty修改和提取Bean的属性。

不过有两点必须注意：

①还可以用下面这种格式实例化Bean。

<jsp:useBean ...>

　　Body

</jsp:useBean>

它的意思是，只有当第一次实例化Bean时才执行Body部分，如果是利用现有的Bean实例则不执行Body部分。正如下面将要介绍的，jsp:useBean并非总是意味着创建一个新的Bean实例。

②除了id和class外，jsp:useBean还有其他三个属性，即：scope、type、beanName。

<jsp:useBean id="name" class="package.class" type="" scope="page" beanName="" />

各属性用法如表2-2所示。

表2-2　各属性用法

属性	用法
id	命名引用该Bean的变量。如果能够找到id和scope相同的Bean实例，jsp:useBean动作将使用已有的Bean实例而不是创建新的实例。
class	指定Bean的完整包名。
scope	指定Bean在哪种上下文内可用，可以取下面的四个值之一：page、request、session和application，默认值是page。 1.page表示该Bean只在当前页面内可用（保存在当前页面的PageContext内）； 2.request表示该Bean在当前的客户请求内有效（保存在ServletRequest对象内）； 3.session表示该Bean对当前HttpSession内的所有页面都有效； 4.application表示该Bean对所有具有相同ServletContext的页面都有效。 scope之所以很重要，是因为jsp:useBean只有在不存在具有相同id和scope的对象时才会实例化新的对象；如果已有id和scope都相同的对象则直接使用已有的对象，此时jsp:useBean开始标记和结束标记之间的任何内容都将被忽略。
type	指定引用该对象的变量的类型，它必须是Bean类的名字、超类名字、该类所实现的接口名字之一。请记住变量的名字是由id属性指定的。
beanName	指定Bean的名字。如果提供了type属性和beanName属性，允许省略class属性。

2.3.3　jsp:setProperty 动作

用来设置已经实例化的 Bean 对象的属性。

语法：

<jsp:setProperty name=" " property=" " [value=" "] [param=" "] />

说明：

name（必需）	表示要设置属性的是哪个 Bean。这里的 name 值就是 jsp:useBean 中的 id 值。
property（必需）	表示要设置哪个属性。 有一个特殊用法：如果 property 的值是"*"，表示所有名字和 Bean 属性名字匹配的请求参数都将被传递给相应的属性 set 方法。
value（可选）	该属性用来指定 Bean 属性的值。 字符串数据会在目标类中通过标准的 valueOf 方法自动转换成数字、boolean、Boolean、byte、Byte、char、Character。例如，boolean 和 Boolean 类型的属性值（比如"true"）通过 Boolean.valueOf 转换，int 和 Integer 类型的属性值（比如"42"）通过 Integer.valueOf 转换。
param（可选）	指定用哪个请求参数作为 Bean 属性的值。 如果当前请求没有参数，则什么事情也不做，系统不会把 null 传递给 Bean 属性的 set 方法。因此，你可以让 Bean 自己提供默认属性值，只有当请求参数明确指定了新值时才修改默认属性值。

注意：value 和 param 不能同时使用，但可以使用其中任意一个。

如果同时省略 value 和 param，其效果相当于提供一个 param 且其值等于 property 的值。进一步利用这种借助请求参数和属性名字相同进行自动赋值的思想，你还可以在 property（Bean 属性的名字）中指定"*"，然后省略 value 和 param。此时，服务器会查看所有的 Bean 属性和请求参数，如果两者名字相同则自动赋值。

jsp:setProperty 有两种用法：

（1）在 jsp:useBean 元素的外面（后面）使用 jsp:setProperty。

```
<jsp:useBean id="myName" ... />
......
<jsp:setProperty  name=" userBean 元素的id值"  property="属性名" ... />
```

此时，不管 jsp:useBean 是找到了一个现有的 Bean，还是新创建了一个 Bean 实例，jsp:setProperty 都会执行。

（2）把 jsp:setProperty 放入 jsp:useBean 元素的内部。

```
<jsp:useBean id="myName"... >
   ...
   <jsp:setProperty  name=" userBean 元素的id值"  property="属性名" .../>
</jsp:useBean>
```

　　此时,jsp:setProperty 只有找不到 Bean 属性,而且新建了一个 Bean 实例时才会执行,如果是使用现有实例则不执行 jsp:setProperty。

【例 2-11】addUser.jsp 中代码。

【addUser.jsp 部分源代码】

```
<jsp:useBean id="user" class="cn.zmx.UserBean"/>
<%--因表单中的参数与javabean中的属性名相同,所以这里property="*",
服务器会查看所有的Bean属性和请求参数,如果两者名字相同则自动赋值--%>
请确认注册信息<br>
<hr align="center" width="100%" size="1" noshade>
<%--设置bean属性--%>
<jsp:setProperty name="user" property="*"/>
```

2.3.4　jsp:getProperty 动作

　　jsp:getProperty 动作提取指定 Bean 属性的值,转换成字符串,然后输出。

语法:

`<jsp:getProperty name="  " property="  "/>`

jsp:getProperty 有两个必需的属性:

·name

表示 Bean 的名字;

·property

表示要提取哪个属性的值。

【例 2-12】addUser.jsp 中代码。

【addUser.jsp 部分源代码】

```
<jsp:useBean id="user" class="cn.zmx.UserBean"/>
<%--获取bean属性--%>
<jsp:getProperty name="user" property="username"/><br>
<jsp:getProperty name="user" property="password"/>
```

2.3.5　jsp:forward 动作

　　重定向一个 HTML 文件、JSP 文件,或者是一个程序段。

语法:

`<jsp:forward page={"relativeURL" | "<%= expression %>"} />`

或者

`<jsp:forward page={"relativeURL" | "<%= expression %>"} >`

　　`<jsp:param　name="parameterName"`

value="{parameterValue ｜ <%= expression %>}" />+

</jsp:forward>

jsp:forward标记只有一个属性page。

page属性包含的是一个相对 URL。page的值既可以直接给出，也可以在请求的时候动态计算。

如下所示：

```
<jsp:forward page="/test.jsp" />
<jsp:forward page="<%=表达式 %>" />
```

forward 和 sendredirect 的区别如表 2-3 所示。

表2-3　forward 与 sendredirect 的区别

sendredirect	forward
是不同的 request	虽然是不同的对象，但是，可以取到上一个页面的内容
send 后的语句会继续执行，除非 return	forward 后的语句不会继续发送给客户端
速度慢	速度快
需要到客户端的往返，可以转到任何页面	服务器内部转换
地址栏有变化	地址栏没有变化
可以传参数，直接写在 url 后面	可以传参数，通过内部体 param 来传递
常用	常用

【例2-13】注册成功转向 success.jsp。

【addUser_do.jsp源代码】

```
<%@ page language="java" contentType="text/html; charset=utf-8"
    pageEncoding="utf-8"%>
<%@ page import="cn.zmx.*" %>
<%@ include file="header.jsp"%>
<!DOCTYPE html PUBLIC "-//W3C//DTD HTML 4.01 Transitional//EN"
"http://www.w3.org/TR/html4/loose.dtd">
<html>
<head>
<meta http-equiv="Content-Type" content="text/html; charset=utf-8">
<title>********</title>
</head>
<body>
<%
DataOperBean dob = new DataOperBean();
//取出 session 的属性 user
UserBean ub = (UserBean)session.getAttribute("user");
String username = ub.getUsername();
```

```
String password = ub.getPassword();
//判断用户名是否已经存在
String table="user";
String field="username";
String condition = "username='"+username+"'";
Hashtable<String,String> ht = dob.execSQL(table,field,condition);
if(ht.size()>0){//数据库有该用户,则不插入
    %>
<script>
alert("用户已存在,请重新注册");
location.href="register.jsp";
</script>
<%
}else{
//不存在用户,则插入数据
String[] temp = { "username", "password"};
String[] values = { username, password};
dob.insertData("user", temp, values);
//forward
String str = java.net.URLEncoder.encode("注册成功","utf-8");
%>
<jsp:forward page="success.jsp">
    <jsp:param name="status" value="<%=str%>"/>
</jsp:forward>


<%
}
%>
<%@ include file="../bottom.jsp"%>
</body>
</html>
```

【success.jsp源代码】

```
<%@ page language="java" contentType="text/html; charset=UTF-8"
    pageEncoding="UTF-8"%>
<%@ include file="header.jsp"%>
<!DOCTYPE html PUBLIC "-//W3C//DTD HTML 4.01 Transitional//EN"
"http://www.w3.org/TR/html4/loose.dtd">
```

```html
<html>
<head>
<meta http-equiv="Content-Type" content="text/html; charset=UTF-8">
<title>注册成功</title>
</head>
<body>
    <center>
<%
try{
    String status = request.getParameter("status");
    status = java.net.URLDecoder.decode(status,"utf-8");
    if(status!=null)
        out.print("状态："+status);
}catch(Exception e){}
%></center>
<a href="../login.jsp">返回登录</a>
<%@ include file="../bottom.jsp"%>
</body>
</html>
```

运行结果

结合前面的注册表单进行提交，到达 addUser_do.jsp，再点击"完成注册"链接，结果如图 2-5 所示(注意，通过 forward 动作转向页面后，地址栏并没有改变)。

图 2-5   forward 动作实现页面转向

2.3.6   jsp:plugin 动作

jsp:plugin 动作用来根据浏览器的类型，插入通过 Java 插件运行 Java Applet 所必需的 OBJECT 或 EMBED 元素。

语法:

```
<jsp:plugin
type="bean|applet"
code="classFileName"
codebase="classFileDirectoryName"
[ name="instanceName" ]
[ archive="URIToArchive, ..." ]
[ align="bottom|top|middle|left|right" ]
[ height="displayPixels" ]
[ width="displayPixels" ]
[ hspace="leftRightPixels" ]
[ vspace="topBottomPixels" ]
[ jreversion="JREVersionNumber | 1.1" ]
[ nspluginurl="URLToPlugin" ]
[ iepluginurl="URLToPlugin" ] >
[ <jsp:params>
[ <jsp:param name="parameterName"
value="{parameterValue | <%= expression %>}" /> ]+
</jsp:params> ]
[ <jsp:fallback> text message for user </jsp:fallback> ]
</jsp:plugin>
```

由于其不常用,这里不做太多介绍,关于其用法,请参考相关书籍。

【2-14】下面例子来自于Tomcat8.5.51安装目录下的\webapps\examples\jsp\plugin中,功能是显示当前时间:

【plugin.jsp源代码】

```
<html>
<title> Plugin example </title>
<body bgcolor="white">
<h3> Current time is : </h3>
<jsp:plugin type="applet" code="Clock2.class" codebase="applet" jreversion="1.2" width
="160" height="150" >
    <jsp:fallback>
        Plugin tag OBJECT or EMBED not supported by browser.
    </jsp:fallback>
</jsp:plugin>
<p>
```

```
<h4>
<font color=red>
The above applet is loaded using the Java Plugin from a jsp page using the
plugin tag.
</font>
</h4>
</body>
</html>
```

Clock2.java 源代码来自\Tomcat-8.5.51\webapps\examples\jsp\plugin\applet 目录。

启动 TOMCAT,输入 http://localhost:8080/,在左下角有一个"JSP Examples"链接。点击"Execute"即可执行。也可查看源代码。

2.3.7   jsp:param 动作

param 标签以"名字—值"对的形式为其他标签提供附加信息,这个标签与 jsp:include、jsp:forward、jsp:plugin 标签一起使用。

param 动作标签:

<jsp:param name="名字" value="指定给 param 的值" />

当该标签与 jsp:include 标签一起使用时,可以将 param 标签中的值传递到 include 指令要加载的文件中去,因此 include 动作标签如果结合 param 标签,可以在加载文件的过程中向该文件提供传递参数信息。与其他标签结合也类似。

【例 2-15】addUser_do.jsp 和 success.jsp。

【addUser_do.jsp 源代码】

```
<%
String str = java.net.URLEncoder.encode("注册成功","utf-8");
%>
<jsp:forward page="success.jsp">
    <jsp:param name="status" value="<%=str%>"/>
</jsp:forward>
```

【success.jsp 源代码】

```
<%@ page language="java" contentType="text/html; charset=UTF-8"
    pageEncoding="UTF-8"%>
<%@ include file="header.jsp"%>
<!DOCTYPE html PUBLIC "-//W3C//DTD HTML 4.01 Transitional//EN"
"http://www.w3.org/TR/html4/loose.dtd">
```

```
<html>
<head>
<meta http-equiv="Content-Type" content="text/html; charset=UTF-8">
<title>注册成功</title>
</head>
<body>
    <center>
<%
try{
    String status = request.getParameter("status");
    status = java.net.URLDecoder.decode(status,"utf-8");
    if(status!=null)
        out.print("状态:"+status);
}catch(Exception e){}
%></center>
<a href="../login.jsp">返回登录</a>
<%@ include file="../bottom.jsp"%>
</body>
</html>
```

运行结果

运行结果如图 2-5 所示,用法也可以参考 2.3.1 节中的例子。

2.4 JSP 的注释

JSP 中有两种注释:HTML 注释和隐藏注释。

1.HTML 注释

```
<!--comments [ <%= expression %> ]-->
```

【例 2-16】
【header.jsp 源代码】

```
<%@ page language="java" pageEncoding="utf-8"%>
<%@ page import="java.util.*" %>
<%-- 这是隐藏注释内容 --%>
<!--
```

```jsp
当前加载时间:<%= (new java.util.Date()).toLocaleString() %>
-->
<!-- 通过声明、脚本和表达式,实现时间显示-->
<%!//
//定义变量
int year,month,date,day,hour,miniute,second;
//定义方法
public String showTime(){
    String str="",temp="";
    Calendar cl = Calendar.getInstance();
    year = cl.get(Calendar.YEAR);
    month = cl.get(Calendar.MONTH)+1;
    date = cl.get(Calendar.DAY_OF_MONTH);
    day = cl.get(Calendar.DAY_OF_WEEK);
    switch(day){
        case 1:
            temp="日"; break;
        case 2:
            temp="一"; break;
        case 3:
            temp="二"; break;
        case 4:
            temp="三"; break;
        case 5:
            temp="四"; break;
        case 6:
            temp="五"; break;
        case 7:
            temp="六"; break;
    }
    hour = cl.get(Calendar.HOUR_OF_DAY);
    miniute = cl.get(Calendar.MINUTE);
    second = cl.get(Calendar.SECOND);
    str = year+"年"+month+"月"+date+"日    星期"+temp+" "+hour+"点"+miniute+"
分"+second+"秒";
    return str;
}
%>
```

```
<table width="100%" height="98" border="0" cellpadding="0" cellspacing="1"
background="image/logo.JPG">
  <tr>
    <td> </td>
  </tr>
</table>
<table width="100%" height="15" border="0" cellpadding="0" cellspacing="1">
  <tr>
    <td width="147" align="left"><% //脚本
    out.print("欢迎使用本系统<br>"); %></td>
    <td width="452">今天是:<%=showTime()%></td>
    <td width="164" align="right"><a href="logout.jsp">注销</a></td>
  </tr>
</table>
<hr align="center" width="100%" size="1" noshade>
```

在客户端的 HTML 源代码中产生和上面一样的数据,如图 2-6 所示。

```
 7    </head>
 8    <body>
 9    <!--
10   当前加载时间: 2021-3-5 11:40:36
11   -->
12    <!-- 通过声明、脚本和表达式,实现时间显示-->
13
14
15    <table width="100%" height="98" border="0" cellpadding="0" cellspacing="1"
16      <tr>
```

图 2-6　HTML 注释【1】

也可以在注释中添加动态的内容,比如时间等,如图 2-7 所示。

```
 7    </head>
 8    <body>
 9    <!--
10   当前加载时间: 2021-3-5 11:40:36
11   -->
12    <!-- 通过声明、脚本和表达式,实现时间显示-->
13
14
15    <table width="100%" height="98" border="0" cellpadding="0" cellspacing="1"
16      <tr>
```

图 2-7　客户端注释内容显示时间

2.隐藏注释

<%-- comment --%>,写在 JSP 程序中,但不是发给客户。

同样,在 header.jsp 也存在隐藏注释。

如代码:

```
<%-- 这是隐藏注释内容 --%>
```

运行结果

点击右键,选择"查看源文件",运行结果如图 2-8 所示。

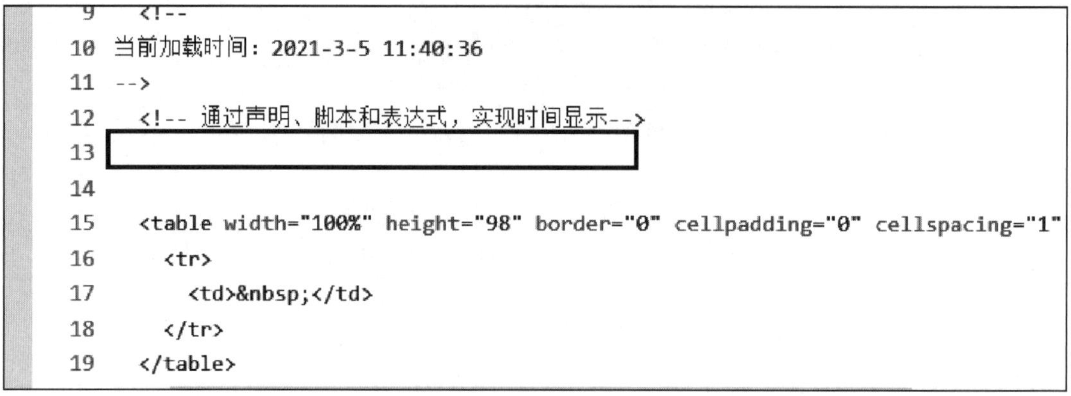

```
 9   <!--
10   当前加载时间: 2021-3-5 11:40:36
11   -->
12   <!-- 通过声明、脚本和表达式,实现时间显示-->
13   
14
15   <table width="100%" height="98" border="0" cellpadding="0" cellspacing="1"
16     <tr>
17       <td> </td>
18     </tr>
19   </table>
```

图 2-8   隐藏注释

如图 2-7 所示,框出来的地方原先是有隐藏注释内容,但运行时却看不到。

所以,用隐藏注释标记的字符会在 JSP 编译时被忽略掉。这个注释在你希望隐藏或注释你的 JSP 程序时是很有用的。

2.5   JSP 基础实例

2.5.1   实例 1(JSP 中方法定义)

本实例只有一个 JSP 页面,演示通过方法的定义与调用,从而显示"欢迎进入 JSP 世界"内容。

操作步骤:

首先打开 IDEA,新建一个 Web 应用,命名为 Demo,接着新建一个 JSP 页面,命名为 index.jsp。

【index.jsp 源代码】

```
<%@ page contentType="text/html; charset=gb2312" %>
<%!
String helloWorld(){
```

```
        return "欢迎进入 JSP 世界";
}
%>
<html>
<HEAD>
<meta http-equiv="Content-Type" content="text/html; charset=gb2312">
<title>在 JSP 中定义方法</title>
</HEAD>
<body>
<%=helloWorld()%>
</body>
</html>
```

在 IDEA 中部署 Web 应用,并启动 Tomcat。

在 IE 地址栏里输入 http://localhost:8080/Demo/index.jsp。

运行结果

运行结果如图 2-9 所示。

图 2-9　JSP 方法定义应用

2.5.2　实例 2(JSP 的出错处理)

1. 利用 page 指令进行 JSP 的出错处理

本实例将演示如何利用 page 指令进行 JSP 的出错处理。下面是具体操作步骤:

首先打开 IDEA,创建一个 Web 应用,命名为 Demo,接着新建一个 JSP 页面,命名为 index.jsp,同时新建一个错误显示页面,命名为 errorpage.jsp。

【index.jsp 源代码】

```
<%@ page errorPage="errorpage.jsp" pageEncoding="utf-8"%>
<HTML>
<HEAD>
<TITLE>JSP 1.0 Error Page Demo</TITLE>
</HEAD>
<BODY>
<H1>JSP 1.0 Error Page Demo</H1>
```

```
<%
String s = null;
s.getBytes(); //这将给出 NullPointException 例外
%>
</BODY>
</HTML>
```

【errorpage.jsp 源代码】

```
<%@ page isErrorPage="true" %>
<html>
<body bgcolor="black" text="#FFFFFF">
<%--@ page isErrorPage="true" --%>
<h1> Attention the following error occurs</h1><br>
<pre>
<%=exception.getMessage() %></pre>


</body>
</html>
```

代码编写完后,在 iDEA 中部署 Web 应用,并启动 Tomcat。

在 IE 地址栏里输入 http://localhost:8080/Demo/index.jsp。

运行结果

运行结果如图 2-10 所示。

图 2-10　错误处理

2.其他错误处理例子(文件 MakeError.jsp 和 errorPage.jsp)

页面错误处理,产生错误的页面文件为 MakeError.jsp,处理错误的页面文件为 errorPage.jsp。

【MakeError.jsp 源代码】

```
<%@ page contentType="text/html;charset=GB2312" errorPage="errorPage.jsp" %>
<html>
<head>
<title>ErrorPage.jsp</title>
</head>
<body>
<h2>errorPage 测试</h2>
<%!
private double toDouble(String value)
{
return(Double.valueOf(value).doubleValue());
}
%>
<%
double num1 = toDouble(request.getParameter("num1"));
double num2 = toDouble(request.getParameter("num2"));
%>
您传入的两个数字为:<%= num1 %> 和 <%= num2 %><br>
两数相加为 <%= (num1+num2) %>
</body>
</html>
```

【errorpage.jsp 源代码】

```
<%@ page contentType="text/html;charset=GB2312" isErrorPage="true" %>
<%@ page import="java.io.PrintWriter" %>
<html>
<head>
<title>出错页面</title>
</head>
<body>
<p> 错误产生:<I><%= exception %></I></p><br>
<pre>
问题如下:<% exception.printStackTrace(new PrintWriter(out)); %> //输出错误的原因
</pre>
</body>
</html>
```

由于没有给参数num1和num2赋值,这样直接打开MakeError.jsp就无法转换为Double类型,所以就会有错误发生。

运行结果

运行结果如图2-11所示。

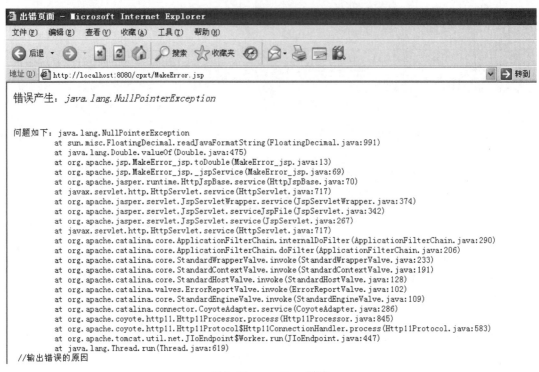

图 2-11   errorPage测试

2.5.3   实例3(使用 forward 动作)

利用forward动作传递一个参数并重定向到另一个JSP页面,等下请注意地址栏是否变化。

【index.jsp源代码】

```jsp
<%@ page contentType="text/html;charset=gb2312"%>
<html>
    <head>
        <title>test</title>
    </head>
    <body>
        <jsp:forward page="forwardTo.jsp">
            <jsp:param name="userName" value="JSP" />
        </jsp:forward>
    </body>
</html>
```

【forwardTo.jsp源代码】

```
<%@ page contentType="text/html;charset=gb2312"%>
<%
    String useName = request.getParameter("userName");
    String outStr = "谢谢光临！ ";
    outStr += useName;
    out.println(outStr);
%>
```

运行结果

运行结果如图2-12所示。

图2-12 forward动作例子

从本例可以看到forward动作切换到另一个页面时，地址栏不会变化，而且显示出了所带参数的值。

注意：如果出现错误，请参考"2.3.2 jsp:useBean动作"中关于错误处理方法。

2.5.4 实例4(使用param动作)

动态包含文件：file1.jsp，当该文件被加载时获取param标签中computer的值。
【file1.jsp源代码】

```
<%@ page pageEncoding="UTF-8" %>
<HTML>
<BODY>
用EL表达式获取：
${param.computer}
<br>
用request内置对象调用getParameter方法获取：
<%=request.getParameter("computer") %>
</BODY>
</HTML>
```

【index.jsp 源代码】

```
<%@ page pageEncoding="UTF-8" %>
<HTML>
<BODY>
加载文件效果:<P>
    <jsp:include page="file1.jsp">
      <jsp:param name="computer" value="Windows OS" />
    </jsp:include>
</BODY>
</HTML>
```

运行结果

运行结果如图 2-13 所示。

图 2-13　param 动作例子

2.5.5　实例 5(使用 include 动作)

新建文件 top.jsp 和 Header.jsp。

【top.jsp 源代码】

```
<%@page pageEncoding="gb2312" %>
<html>
<head>
</head>
<meta http-equiv="Content-Type" content="text/html; charset=gb2312">
<body background="images/clear.jpg"><center>
<jsp:include page="Header.jsp">
    <jsp:param name="subTitle" value="Welcome to use Personnel Evaluation
System"/>
</jsp:include></center>
</body>
</html>
```

【Header.jsp源代码】

```
<%@page pageEncoding="gb2312" %>
<strong>
<%=request.getParameter("subTitle") %>
</strong>
<p>
```

运行结果

运行结果如图2-14所示。

图2-14 request获取参数

从本例可以看出,使用include动作可以取得包含它(Header.jsp)的页面(top.jsp)中的参数(如参数subTitle)。

2.6 本章小结

这一章,我们了解了JSP的基本知识,包括语法、指令、动作。从中我们可以知道JSP实际上是JSP定义的一些标记和Java程序段,以及HTML文件的混合体。所以读者最好对HTML及Java语言有一点了解。下一章我们将进入JSP内置对象的学习。

2.7 习 题

1.改错题

(1)<%=123;%>

(2)<% page language="java" pageEncoding="UTF-8" isErrorPage="true"%>

(3)<%!-- 这里是注释内容 --%>

（4）< !--this variable stores the JSP page context.--! >

（5）< % @ page import="java.util.hashtable"errorpage- /myError.jsp" % >

< % @ page errorpage="/myError.jsp" % >

（6）<%

Public String getString(String str){return str;}

%>

2.选择题

（1）对于预定义<%!预定义%>的说法错误的是:(　　　)

A.一次可声明多个变量和方法,只要以";"结尾就行

B.一个声明仅在一个页面中有效

C.声明的变量将作为局部变量

D.在预定义中声明的变量将在 JSP 页面初始化时初始化

（2）在 JSP 中使用<jsp:getProperty>标记时,不会出现的属性是:(　　　)

A.name　　　　　　B.property　　　　　　C.value　　　　　　D.以上皆不会出现

（3）page指令用于定义 JSP 文件中的全局属性,下列描述不正确的是:(　　　)

A.<%@ page %>作用于整个 JSP 页面。

B 可以在一个页面中使用多个<%@ page %>指令。

C.为增强程序的可读性,建议将<%@ page %>指令放在 JSP 文件的开头,但不是必须的。

D.<%@ page %>指令中的属性只能出现一次。

（4）在 JSP 中调用 JavaBean 时不会用到的标记是:(　　　)

A.<javabean>　　　　　　　　　　　B.<jsp:useBean>

C.<jsp:setProperty>　　　　　　　　D.<jsp:getProperty>

（5）关于 JavaBean 正确的说法是:(　　　)

A.Java 文件与 Bean 所定义的类名可以不同,但一定要注意区分字母的大小写

B.在 JSP 文件中引用 Bean,其实就是用<jsp:useBean>语句

C.被引用的 Bean 文件的文件名后缀为.java

D.Bean 文件放在任何目录下都可以被引用

3.简答题

（1）JSP 的基本语法主要包括哪些?

（2）声明变量或方法时需注意哪些规则?

（3）使用表达式时需注意哪些规则?

（4）include 指令和 include 动作的区别是什么?

（5）forward 和 sendredirect 的区别是什么?

4.分析题

分析下面的代码,写出 include.jsp 的运行结果。

（1）include.jsp 代码

```
<%@ page contentType="text/html;charset=GBK" %>
<html>
<body bgcolor="white" >
```

这里是显示结果:
<hr>

<%@ include file="abc.html"%> <p>

<%@ include file="mytxt.txt"%> <p>

<%@ include file="mycode.cod"%> <p>

</body></html>

（2）abc.html 代码

<font color="red">

　　这是插入的 Html 文件

</font>

（3）mytxt.txt 代码

你好,这是 jsp 程序。

（4）mycode.cod 代码

<%

String s1="执行代码在这里显示";

out.print("   "+s1);

%>

5.实践题

（1）编写一个根据当前系统时间显示"年-月-日　星期几"的方法,并运行结果。

（2）编写一个利用 page 指令设置错误处理页面的程序,实现两数相除的功能,当分母为零时发生异常,自动跳到错误处理页面进行显示。

（3）编写一个小程序,利用<jsp:useBean>创建一个类的实例,接着再用<jsp:setProperty>设置属性的值,最后用<jsp:getProperty>取出设置后的属性值,并显示结果(提示:参照 2.3.2 节的类 UserBean.java 进行操作)

第3章

JSP 内置对象

JSP为简化页面的开发提供了一些内部的对象,在所有的JSP页面中都能使用这些内部对象。编写JSP的人员不需要对这些内部对象进行实例化,只要调用其中的方法就能实现特定的功能。

JSP有如下9大内置对象:request、response、pageContext、session、application、out、config、page、exception。

需重点掌握的内容有:

- request
- response
- session
- application
- out
- exception

由于pageContext、config、page这3个内置对象很少被用到,故本书仅做介绍,不做进一步讲解。

3.1   request对象

HTTP通信协议是客户与服务器之间一种提交(请求)信息与响应信息(request/respone)的通信协议。在JSP中,内置对象request封装了用户提交的信息,那么该对象调用相应的方法可以获取封装的信息,即使用该对象可以获取用户提交的信息。

3.1.1 request对象常用方法

request对象常用方法如表3-1所示。

表3-1 request对象常用方法

方法	说明
object getAttribute(String name)	返回指定属性的属性值
Enumeration getAttributeNames()	返回所有可用属性名的枚举
String getCharacterEncoding()	返回字符编码方式
int getContentLength()	返回请求体的长度(以字节数)
String getContentType()	得到请求体的 MIME 类型
ServletInputStream getInputStream()	得到请求体中一行的二进制流
String getParameter(String name)	返回 name 指定参数的参数值
Enumeration getParameterNames()	返回可用参数名的枚举
String[] getParameterValues(String name)	返回包含参数 name 的所有值的数组
String getProtocol()	返回请求用的协议类型及版本号
String getScheme()	返回请求用的协议名,如:http.https 及 ftp 等
String getServerName()	返回接受请求的服务器主机名
int getServerPort()	返回服务器接受此请求所用的端口号
BufferedReader getReader()	返回解码过的请求体
String getRemoteAddr()	返回发送此请求的客户端 IP 地址
String getRemoteHost()	返回发送此请求的客户端主机名
void setAttribute(String key,Object obj)	设置属性的属性值
String getRealPath(String path)	返回一虚拟路径的真实路径
void removeAttribute(String name)	删除请求中的一个属性

客户通常使用HTML表单向服务器的某个JSP页面提交信息。

表单的一般格式是:

```
<FORM  method="get | post"  action="提交信息的目的地页面">
    表单元素
</FORM>
```

其中<FORM>是表单标签,method取值get或post。

get方法和post方法的主要区别是:

(1)使用get方法提交的信息会在提交的过程中显示在浏览器的地址栏中,而post方法提交的信息不会显示在地址栏中;

(2)get方法提交对于提交的数据量有限制(一般是不超过2K),而post方法没有提交数据量的限制。

表单元素包括:文本框、列表、文本区等。

例如：

```
<FORM action="tom.jsp"  method= " post" >
    <INPUT type="text" name="boy" value= " ok"  >
    <INPUT TYPE="submit"  value="提交" name=" submit" >
</FORM>
```

该表单使用 post 方法向页面 tom.jsp 提交信息，提交信息的手段是：在文本框输入信息，其中默认信息是"ok"；然后点击"提交"按钮向服务器的 JSP 页面 tom.jsp 提交信息。

request 对象可以使用 getParameter(String s)方法获取该表单通过 text 提交的信息。

比如：

request.getParameter("boy"); //这里的 boy 值实际上就是上面文本框的 name 属性的值。

3.1.2　表单信息读取

表单信息的读取是最常见的功能，这里主要用到 request 内置对象的 getParameter()方法来获取表单信息。

【例3-1】通过用户表单提交数据进行登录操作。

【login.jsp 源代码】

```
<%@ page language="java" contentType="text/html; charset=utf-8"
    pageEncoding="utf-8"%>
<%@ include file="header.jsp"%>
<html>
<head>
<meta http-equiv="Content-Type" content="text/html; charset=utf-8">
<title>登录</title>
</head>
<body>
<form action="checkLogin.jsp" method="post" name="form1">
<table width="279" border="0" align="center" cellpadding="0" cellspacing="1"
bgcolor="#CCCCCC">
  <tr>
    <td colspan="3" align="center"> </td>
  </tr>
  <tr>
    <td width="64" bgcolor="#FFFFFF">用户名：</td>
    <td colspan="2" bgcolor="#FFFFFF"><label>
      <input name="username" type="text" id="username" size="20">
    </label></td>
```

```
    </tr>
    <tr>
      <td bgcolor="#FFFFFF">密码:</td>
      <td colspan="2" bgcolor="#FFFFFF"><label>
        <input name="password" type="password" id="password" size="20">
      </label></td>
    </tr>
    <tr>
      <td bgcolor="#FFFFFF"> </td>
      <td width="42" bgcolor="#FFFFFF"><input type="submit" value="登录"></td>
      <td width="169" bgcolor="#FFFFFF"><input type="button" value="注册"
onClick="return openwindow()"></td>
    </tr>
</table>
</form>
<script language="javascript">
function openwindow(){
    window.open("user/register.jsp","_blank");
}
</script>
<%@ include file="bottom.jsp"%>
</body>
</html>
文件 checkLogin.jsp 中接收表单数据的代码
<%
//表单信息读取
String username = request.getParameter("username");
String password = request.getParameter("password");
System.out.println("username:"+username);//后台打印测试
System.out.println("password:"+password); //后台打印测试
%>
```

运行结果

我们在页面 login.jsp 的表单输入用户名为 admin,密码为 123,点击登录后 , checkLogin. jsp 中的表单信息读取(如上所示部分代码)以及后台打印信息的代码,结果如图 3-1 所示。

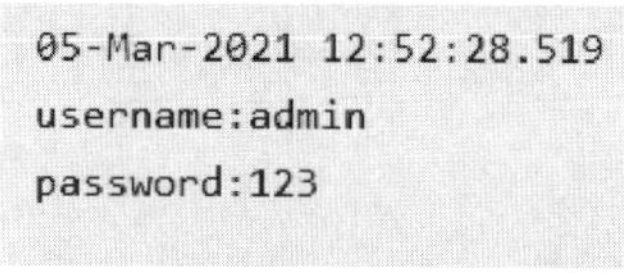

```
05-Mar-2021 12:52:28.519
username:admin
password:123
```

图 3-1 表单信息读取

3.1.3 request乱码问题

当用request对象获取客户提交的汉字字符时,会出现乱码问题,所以对含有汉字字符的信息必须进行特殊的处理方式。

首先,将获取的字符串用ISO-8859-1进行编码,并将编码存放到一个字节数组中,然后再将这个数组转化为字符串对象即可。

如下所示:

```
String  str=request.getParameter("username");
byte    b[]=str.getBytes("ISO-8859-1");
str=new  String(b);
```

通过上述过程,提交的任何信息都能正确的显示。

【例 3-2】本系统中的搜索页面,当输入中文进行检索时,如果不进行乱码处理,则后台打印出的是乱码。

【search.jsp源代码】

```
<%@ page language="java" import="java.util.*" pageEncoding="utf-8"%>
<%@ include file="header.jsp"%>
<html>
  <head>
    <title>搜索</title>
  </head>
  <body>
    <form name="form1" method="post" action="">
    search:<input name="key" type="text" id="key">
      <input type="submit" name="Submit" value="search">
    </form><a href="add.jsp">[add]</a>
<%
String condition="";
try{
//try{}内部注释的部分和未注释的部分执行效果等价
    //request.setCharacterEncoding("UTF-8");
    //String key = request.getParameter("key");
    //if(!"".equals(key)){
    //    condition="username like '%"+key+"%'";
    //}else{
    //    condition="";
    //}
```

```
        String key = request.getParameter("key");
        System.out.println("未做乱码处理前的key:"+key);
        if(!"".equals(key)){
            String str=new String(key.getBytes("ISO-8859-1"),"UTF-8");
            System.out.println("乱码处理后的key:"+str);
            condition="username like '%"+str+"%'";
        }else{
            condition="";
        }
    }
catch(Exception e){}
%>
<jsp:useBean id="dob" class="cn.zmx.DataOperBean"/>
    <table width="551" border="0" cellpadding="0" cellspacing="1" bgcolor="#999999">
        <tr>
            <td width="80" bgcolor="#CCCCCC">id</td>
            <td width="91" bgcolor="#CCCCC">username</td>
            <td width="120" bgcolor="#CCCCC">content</td>
            <td width="146" bgcolor="#CCCCC">publishtime</td>
            <td width="108" bgcolor="#CCCCC">operation</td>
        </tr>
        <%
        String[] temp = {"id","username","content","publishtime"};
        Vector<String[]> vec = dob.getData("book",temp,condition);
        for(int i=0;i<vec.size();i++){
            String[] ss = vec.get(i);
        %>
        <tr>
            <td bgcolor="#FFFFFF"><%=ss[0]%></td>
            <td bgcolor="#FFFFFF"><%=ss[1]%></td>
            <td bgcolor="#FFFFFF">
            <%=ss[2].length()>6?ss[2].substring(0,5)+"...":ss[2]%></td>
            <td bgcolor="#FFFFFF"><%=ss[3]%></td>
            <td bgcolor="#FFFFFF">
<a href="detail.jsp?id=<%=ss[0]%>" target=_blank>show</a>
/<a href="modify.jsp?id=<%=ss[0]%>">edit</a>
/<a href="delete.do?id=<%=ss[0] %>">delete</a>
</td>
        </tr>
```

```
        <% } %>
    </table>
    <%@ include file="bottom.jsp"%>
  </body>
</html>
```

运行结果

因为表单提交后由本身页面来处理数据,第一次打开 search.jsp 时,由于还没输入过搜索关键字,因此后台打印出 null 的信息,如图 3-2 所示。

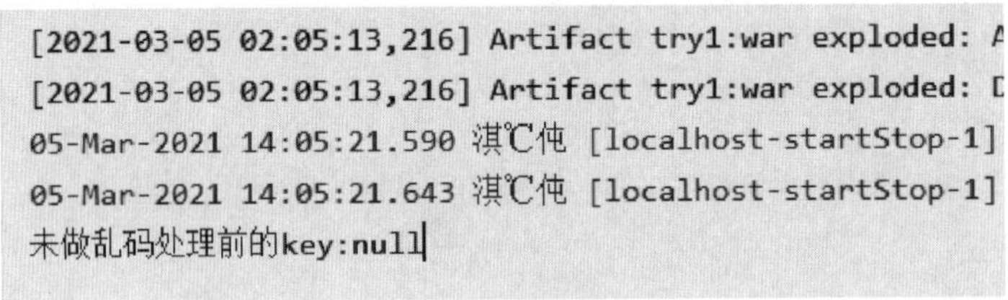

```
[2021-03-05 02:05:13,216] Artifact try1:war exploded: A
[2021-03-05 02:05:13,216] Artifact try1:war exploded: D
05-Mar-2021 14:05:21.590 淇℃伅 [localhost-startStop-1]
05-Mar-2021 14:05:21.643 淇℃伅 [localhost-startStop-1]
未做乱码处理前的key:null
```

图 3-2　request 乱码处理

3.2　response 对象

当客户访问一个服务器的页面时,会提交一个 HTTP 请求,服务器收到请求时,返回 HTTP 响应。响应和请求类似,也有某种结构,每个响应都由状态行开始,可以包含几个头及可能的信息体(网页的结果输出部分)。

上一节学习了用 request 对象获取客户请求提交的信息,与 request 对象相对应的对象是 response 对象。我们可以用 response 对象对客户的请求作出动态响应,向客户端发送数据。比如,当一个客户请求访问一个 JSP 页面时,该页面用 page 指令设置页面的 contentType 属性的值是 text/html,那么 JSP 引擎将按着这种属性值响应客户对页面的请求,将页面的静态部分返回给客户。如果想动态地改变 contentType 的属性值就需要用 response 对象改变页面的这个属性的值,作出动态的响应。

3.2.1　response 对象常用方法

response 对象的常用方法如表 3-2 所示:

表 3-2　response 对象常用方法

方法	说明
String getCharacterEncoding()	返回响应用的是何种字符编码
ServletOutputStream getOutputStream()	返回响应的一个二进制输出流

方法	说明
PrintWriter getWriter()	返回可以向客户端输出字符的一个对象
void setContentLength(int len)	设置响应头长度
void setContentType(String type)	设置响应的 MIME 类型
void sendRedirect(String location)	重新定向客户端的请求

3.2.2　动态响应 contentType 属性

当一个客户请求访问一个 JSP 页面时,如果该页面用 page 指令设置页面的 contentType 属性的值是 text/html,那么 JSP 引擎将按着这种属性值作出响应,将页面的静态部分返回给客户。由于 page 指令只能为 contentType 指定一个值,来决定响应的 MIME 类型,如果想动态地改变这个属性的值来响应客户,就需要使用 response 对象的 setContentType(String s)方法来改变 contentType 的属性值:

public void setContentType(String s);

该方法动态设置响应的 MIME 类型,参数 s 可取:

text/html、text/plain application/x-msexcel、application/msword 等

当服务器用 setContentType 方法动态改变了 contentType 的属性值,即响应的 MIME 类型,并将 JSP 页面的输出结果按着新的 MIME 类型返回给客户时,客户端要保证支持这种新的 MIME 类型。

【例 3-3】在本系统中有文件下载页面,当点击下载链接后,由相应的 Servlet 来处理下载的文件,通过动态响应 contentType 属性实现资源下载。

要想使用文件下载,我们首先要在包 cn.zmx 下新建一个 Servlet 类,命名为 FileDownServlet.java,同时新建一个 JSP 页面,命名为 fileList.jsp,并在和 fileList.jsp 同一目录下新建一个文本文件 data.txt,用来存放下载的文件名,另外需要在 e:\web\upload\ 内存放着和 data.txt 相对应的文件。

文件下载路径我们是通过上下文初始化参数(即 globalPath,代表的是全局的文件下载路径,这里设置的是 e:\web\upload\)和 data.txt 中存放的文件名合并而成。因为这里我们还没讲到 Servlet 初始化参数和上下文参数,所以读者现在可以直接认为文件下载的目录是 e:\web\upload\。

当我们点击下载链接后,Servlet 会接收到文件名,加上从 web.xml 中读取到的 Servlet 初始化参数,这样就能得到完整的文件下载路径,最后通过动态响应 contentType 属性实现资源下载。

【fileList.jsp 源代码】

```
<%@  page  language="java"  import="java.util.*,java.io.*"
pageEncoding="UTF-8"%>
<%-- 文件资源下载 --%>
<%@  include  file="header.jsp"%>
```

```
<%!
public Hashtable<String, String> readFile(String file) {
    BufferedReader in;
    Hashtable<String, String> ht = new Hashtable<String, String>();
    try {
        String path = getServletContext().getRealPath("/"+file);
        in = new BufferedReader(new FileReader(path));
        String str;
        while ((str = in.readLine()) != null) {
            String[] temp = str.split("=");
            ht.put(temp[0], temp[1]);// ht.put(ID, 文件名);
        }
    } catch (Exception e) {
        e.printStackTrace();
    }

    return ht;
}

%>
<html>
  <head>
    <title>文件资源下载</title>
  </head>

  <body>
    <%--
    读取上下文参数 globalPath 和 data.txt 中的文件名
    构成一个完整的文件下载路径
    --%>
    <%
    String globalPath =
  pageContext.getServletContext().getInitParameter("globalPath");
    Hashtable<String,String> ht = readFile("data.txt");//从文件读数据
    %>
  <table width="100%" border="0" cellpadding="0" cellspacing="1"
bgcolor="#CCCCCC">
        <tr bgcolor="#cccccc">
```

```
          <td>ID</td>
          <td>文件名</td>
          <td>完整路径</td>
      </tr>
      <%
      Enumeration<String> em = ht.keys();
      while(em.hasMoreElements()){
          String id = em.nextElement();
          String filepath = globalPath+ht.get(id);
      %>
      <tr>
        <td bgcolor="#FFFFFF"><%=id %></td>
        <td bgcolor="#FFFFFF"><%=ht.get(id) %>
  <a href="down.file?filename=<%=ht.get(id) %>" target="_blank">下载</a></td>
        <td bgcolor="#FFFFFF"><%=filepath %>
      </tr>
      <%} %>
    </table>
<%@ include file="bottom.jsp"%>
  </body>
</html>
```

文件data.txt，"="左边表示文件ID，右边表示文件名，这里统一后缀为rar。

```
1=java.rar
2=C.rar
3=windows visual basic.rar
4=delphi.rar
5=linux 9.rar
```

【FileDownServlet.java源代码】

```
package cn.zmx;

import java.io.BufferedInputStream;
import java.io.File;
import java.io.FileInputStream;
import java.io.IOException;
```

```java
import java.io.InputStream;
import java.io.OutputStream;

import javax.servlet.ServletException;
import javax.servlet.http.HttpServlet;
import javax.servlet.http.HttpServletRequest;
import javax.servlet.http.HttpServletResponse;

public class FileDownServlet extends HttpServlet {

    @Override
    protected void doGet(HttpServletRequest request,
            HttpServletResponse response) throws ServletException, IOException {
        String filepath = this.getInitParameter("filePath");
        String filename = request.getParameter("filename");
        String fullpath = filepath + filename;
        //debug(fullpath);
        // 动态下载附件，通过动态响应 contentType 属性实现资源下载
        downFile(response, filename, fullpath);
    }

    private void downFile(HttpServletResponse response, String filename,
            String fullpath) throws IOException {
        response.setContentType("application/rar");
        response.setHeader("Content-disposition", "inline; filename="
                + filename);
        // inline 内嵌显示一个文件 attachment 提供文件下载
        File file = new File(fullpath);
        InputStream is = new BufferedInputStream(new FileInputStream(file));
        int read = 0;
        byte[] bytes = new byte[1024];
        OutputStream os = response.getOutputStream();
        while ((read = is.read(bytes)) != -1) {
            os.write(bytes, 0, read);
        }
        os.flush();
        os.close();
    }
```

```
    public void debug(String s) {
        System.out.println(s);
    }
}


web.xml

<?xml version="1.0" encoding="UTF-8"?>
<web-app>
    <!-- 上下文初始化参数配置 -->
    <context-param>
        <param-name>email</param-name>
        <param-value>gjxy@hdu.edu.cn</param-value>
    </context-param>
    <context-param>
        <param-name>date</param-name>
        <param-value>2009-11-11</param-value>
    </context-param>
    <context-param>
        <param-name>globalPath</param-name>
        <param-value>e:\web\upload\</param-value>
    </context-param>


    <!-- servlet配置 -->
    <servlet>
        <init-param>
            <param-name>filePath</param-name>
            <param-value>e:\web\upload\</param-value>
        </init-param>
        <servlet-name>FileDownServlet</servlet-name>
        <servlet-class>cn.zmx.FileDownServlet</servlet-class>
    </servlet>
    <servlet-mapping>
        <servlet-name>FileDownServlet</servlet-name>
        <url-pattern>*.file</url-pattern>
    </servlet-mapping>
</web-app>
```

运行结果

文件下载列表如图 3-3 所示。

图 3-3　文件下载列表

点击图 3-3 所示中的 ID 为 5 的"下载"链接,通过 Servlet 映射执行相应的 Servlet 代码,我们通过在 Servlet 中动态响应 contentType 属性实现资源下载,这样就弹出一个对话框,如图 3-4 所示。

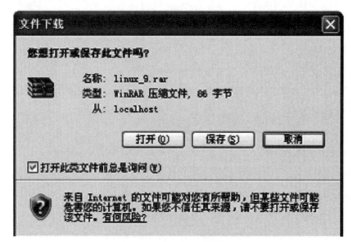

图 3-4　文件下载对话框

3.2.3　response 的 HTTP 文件头

当客户访问一个页面时,会提交一个 HTTP 头给服务器,这个请求包括一个请求行、HTTP 头和信息体。

同样,响应也包括一些头。response 对象可以使用如下任一方法动态添加新的响应头和头的值:

·addHeader(String head,String value)

·setHeader(String head ,String value)

将这些头发送给客户的浏览器。如果添加的头已经存在,则先前的头被覆盖。

如下代码表示每隔 5 秒刷新页面。

```
<%
    response.setHeader("Refresh","5");
%>
```

【例 3-4】登录失败，2 秒后自动跳转到 login.jsp。

文件 login.jsp 代码，在前面章节已给出，这里就不再赘述，请看前面例子中的源码。

【checkLogin.jsp 源代码】

```
<%@ page language="java" contentType="text/html; charset=utf-8"
    pageEncoding="utf-8" errorPage="error.jsp"%>
<%@ page import="cn.zmx.*" %>
<%@ include file="header.jsp"%>
<!-- 登录检查 -->
<html>
<head>
<meta http-equiv="Content-Type" content="text/html; charset=utf-8">
<title>登录检查</title>
</head>
<body>
<%
//表单信息读取
String username = request.getParameter("username");
String password = request.getParameter("password");
System.out.println("username:"+username);
System.out.println("password:"+password);
DataOperBean dob = new DataOperBean();
String condition = "username='"+username+"' and password='"+password+"'";
boolean isLogin = dob.CheckedLogin("user",condition);
session.setAttribute("username",username);
%>
<%
//重定向
if(isLogin){
    response.sendRedirect("index.jsp");//成功,重定向到首页
}else{
    //登录失败,2秒后跳到login.jsp
    System.out.println("登录失败,2秒后跳到login.jsp ");
```

```
        response.setHeader("refresh","2;URL=login.jsp");
}
%>
<%@  include  file="bottom.jsp"%>
</body>
</html>
```

运行结果

当输入账号错误后,在后台打印相应的"登录失败,2秒后跳到 login.jsp"信息,如图 3-5 所示。

```
[2021-03-05 02:17:45,720] Artifact try1:war exploded:
05-Mar-2021 14:17:53.901 淇℃伅 [localhost-startStop-1]
05-Mar-2021 14:17:53.975 淇℃伅 [localhost-startStop-1]
username:??????
password:1234
登录失败, 2秒后跳到login.jsp
```

图 3-5   response 的 HTTP 文件头

3.2.4   respose 重定向

在某些情况下,当响应客户时,需要将客户重新引导至另一个页面,可以使用 response 的 sendRedirect(URL)方法实现客户的重定向。

【例 3-5】在"3.2.3   response 的 HTTP 文件头"中的 checkLogin.jsp 有如下代码:

```
response.sendRedirect("index.jsp");//成功,重定向到首页
```

详细代码请看在"3.2.3   response 的 HTTP 文件头"中的例子。

运行结果

输入账号正确,登录成功,重定向到首页 index.jsp,如图 3-6 所示。

图 3-6   response 重定向

3.2.5　response的状态行

当服务器对客户请求进行响应时,它发送的首行称做状态行。

状态行包括3位数字的状态代码和对状态代码的描述。

5类状态的代码概述:

(1)1XX:1开头的3位数主要是实验性质的;

(2)2XX:用来表明请求成功的,例如,状态代码200可以表明已成功取得了请求的页面;

(3)3XX:用来表明在请求满足之前应采取进一步的行动;

(4)4XX:当浏览器作出无法满足的请求时,返回该状态代码,例如404表示请求的页面不存在;

(5)5XX:用来表示服务器出现问题。例如,500说明服务器内部发生错误。

具体状态代码表如表3-3所示。

表3-3　状态代码

状态代码	代码说明
101	服务器正在升级协议
100	客户可以继续
201	请求成功且在服务器上创建了新的资源
202	请求已被接受但还没有处理完毕
200	请求成功
203	客户端给出的元信息不是发自服务器的
204	请求成功,但没有新信息
205	客户必须重置文档视图
206	服务器执行了部分get请求
300	请求的资源有多种表示法
301	资源已经被永久移动到新位置
302	资源已经被临时移动到新位置
303	应答可以在另外一个URL中找到
304	get方式请求不可用
305	请求必须通过代理来访问
400	请求有语法错误
401	请求需要HTTP认证
403	取得了请求但拒绝服务
404	请求的资源不可用
405	请求所用的方法是不允许的
406	请求的资源只能用请求不能接受的内容特性来响应
407	客户必须得到认证

续表

状态代码	代码说明
408	请求超时
409	发生冲突,请求不能完成
410	请求的资源已经不可用
411	请求需要一个定义的内容长度才能处理
413	请求太大,被拒绝
414	请求的 URL 太大
415	请求的格式被拒绝
500	服务器发生内部错误,不能服务
501	不支持请求的部分功能
502	从代理和网关接受了不合法的字符
503	HTTP 服务暂时不可用
504	服务器在等待代理服务器应答时发生超时
505	不支持请求的 HTTP 版本

　　一般不需要修改状态行,在出现问题时,服务器会自动响应,发送相应的状态代码。但是我们也可以使用 response 对象的 setStatus(int n)方法来增加状态行的内容。
　　格式:

```
<% response.setStatus(状态代码);  %>
```

3.3　session 对象

　　从一个客户打开浏览器连接到服务器,到客户关闭浏览器离开这个服务器称做一个会话。当一个客户访问一个服务器时,可能会在这个服务器的几个页面反复连接、反复刷新一个页面或不断地向一个页面提交信息等,服务器应当通过某种办法知道这是同一个客户,这就需要 session 对象。
　　session 对象指的是客户端与服务器的一次会话,从客户连到服务器的一个 Web 应用开始,直到客户端与服务器断开连接为止。它是 HttpSession 类的实例。事实上,它和 Servlet 中创建的 session 数据共享,即彼此可以相互访问。

3.3.1 session对象常用方法

session对象常用方法如表3-4所示。

表3-4 session对象常用方法

方法	说明
long getCreationTime()	返回session创建时间
public String getId()	返回session创建时JSP引擎为它设的唯一ID号
long getLastAccessedTime()	返回此session里客户端最近一次请求时间
int getMaxInactiveInterval()	返回两次请求间隔多长时间此session被取消(ms)
String[] getValueNames()	返回一个包含此session中所有可用属性的数组
void invalidate()	取消session,使session不可用
boolean isNew()	返回一个session,客户端是否已经加入
void removeValue(String name)	删除session中指定的属性
void setMaxInactiveInterval ()	设置两次请求间隔多长时间此session被取消(ms)
void setAttribute(String key,Object obj)	将参数obj指定的对象添加到session对象中,并为添加对象指定一个索引关键字key
Object getAttribute(String key)	提取session对象中由key指定的对象,若不存在,则返回null
void removeAttribute(String key)	从session中删除由key指定的对象

3.3.2 session对象的ID

当一个客户首次访问服务器上的一个JSP页面时,JSP引擎产生一个session对象,同时分配一个String类型的Id号,JSP引擎还将这个ID号发送到客户端,存放在Cookie中,这样session对象和客户之间就建立了一一对应的关系。当客户再访问连接该服务器的其他页面时,不再分配给客户新的session对象,直到客户关闭浏览器后,服务器端该客户的session对象才取消,并且和客户的会话对应关系消失。当客户重新打开浏览器再连接到该服务器时,服务器为该客户再创建一个新的session对象。

这样我们就知道,JSP引擎为每个客户启动一个线程,也就是说,JSP为每个线程分配不同的session对象。当客户再访问连接该服务器的其他页面时,或从该服务器连接到其他服务器再回到该服务器时,JSP引擎不再分配给客户的新session对象,而是使用完全相同的一个,直到客户关闭浏览器后,服务器端该客户的session对象被取消,和客户的会话对应关系消失。

3.3.3 session对象与URL重写

session对象能和客户建立起一一对应关系依赖于客户的浏览器是否支持Cookie。如果客户端不支持Cookie,那么客户在不同网页之间的session对象可能是互不相同的,因为服务器无法将Id存放到客户端,就不能建立session对象和客户的一一对应关系。

将浏览器的 Cookie 设置为禁止后,运行上述例子会得到不同的结果。也就是说,"同一客户"对应了多个 session 对象,这样服务器就无法知道在这些页面上访问的实际上是同一个客户。

如果你用的是 IE7.0,那么 Cookie 设置方法如下:

(1) IE7 中点击工具菜单下的 Internet Options;

(2) 选择 Privacy 标签;

(3) 阻止所有 Cookie;

(4) 点击确定。

关于 IE7.0 中 Cookie 的设置方法,这里进行了几个抓图,如图 3-7、图 3-8 所示,读者可以参考进行相应设置。如果是 IE6.0,请参考相关资料,这里不再赘述。

图 3-7　设置 Cookie 步骤【1】

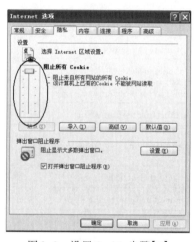

图 3-8　设置 Cookie 步骤【2】

如果客户的浏览器不支持 Cookie,我们可以通过 URL 重写来实现 session 对象的唯一性。所谓 URL 重写,就是当客户从一个页面重新连接到一个页面时,通过向这个新的 URL 添加参数,把 session 对象的 Id 传带过去,这样就可以保证客户在该网站各个页面中的 session 对象是完全相同的。可以使用 response 对象调用 encodeURL() 方法实现 URL 重写。

格式如下:

```
String  str=response.encodeURL("b.jsp");
```

然后将连接目标写成 <%=str%> 即可。

【例 3-6】首先我们要禁用 Cookie,接着在 checkLogin.jsp 中部分代码稍作修改进行 "session 与 URL 重写"测试。

【checkLogin.jsp 源代码】

```
<%
//测试 session 与 URL 重写
String s = session.getId();
String str = response.encodeURL("index.jsp");
```

```
System.out.println("checkLogin.jsp的session id值:"+s);
System.out.println("index.jsp的URL重写后的值:"+str);
%>
<%
//重定向,isLogin是布尔变量,调用JavaBean类的CheckedLogin方法返回值
if(isLogin){
//成功,重定向到首页,这里用上面的str才能传递session id
    response.sendRedirect(str);
}else{
    //登录失败,2秒后跳到login.jsp
    System.out.println("登录失败,2秒后跳到login.jsp ");
    response.setHeader("refresh","2;URL=login.jsp");
}
%>
```

【index.jsp源代码】

```
<%
//测试session与URL重写
String s = session.getId();
String str = response.encodeURL("user/userList.jsp");
System.out.println("index.jsp的session id值:"+s);
System.out.println("user/userList.jsp的URL重写后的值:"+str);
%>
```

运行结果

在登录页面输入正确账号后登录,在checkLogin.jsp中执行上面的代码,在后台打印如下信息,接着重定向到index.jsp页面(sendRedirect中参数要用URL重写后的值),该页面再次打印和重写URL,结果如图3-9所示。可以发现,通过getId()方法获得的session id值和URL重写后的jsessionid的值相同。有了URL重写后的jsessionid的值,就可以在Cookie禁用的情况下,建立session对象与客户一一对应的关系。

```
username:admin
password:admin
checkLogin.jsp的session id值: 4BE7CA3B14C0CA4ABE84457FC3CE67CA
index.jsp的URL重写后的值: index.jsp
登录失败,2秒后跳到login.jsp
```

图3-9　session与URL重写

3.3.4　session对象的使用

HTTP协议是无状态的,即信息无法通过HTTP协议本身进传递。为了跟踪用户的操作状态,JSP使用一个叫HttpSession的对象实现同样的功能。HTTPSession是一个建立在Cookies和URL-rewriting上的高质量的界面。Session的信息保存在服务器端,Session的id保存在客户机的Cookie中。事实上,在许多服务器上,如果浏览器支持的话,它们就使用Cookies,但是如果不支持或废除了的话,就自动转化为URL-rewriting,session自动为每个流程提供了方便地存储信息的方法。

session一般在服务器上设置了一个30分钟的过期时间,当客户停止活动后自动失效。session中保存和检索的信息不能是基本数据类型如int,double等,而必须是Java的相应的对象,如Integer,Double,加上session在各个页面的共享,从而可以实现对象的传递。

在应用中使用最多的方法是getAttribute和setAttribute。

设置属性语法:

```
session.setAttribute("属性名",存储对象);
```

获取属性存储对象语法:

```
Object obj = session.getAttribute("属性名");
```

上面获取属性存储对象默认返回Object,需要强制类型转换为具体的类型。

【例3-7】checkLogin.jsp在登录过程中新建一个session,index.jsp检测session是否已经创建,并判断是否是管理员(即用户名是否为admin),如果是,显示用户管理超级链接。

文件checkLogin.jsp中建立session属性username的代码:

```
Session.setAttribute("username",username);
```

文件index.jsp中判断session是否已经创建,并判断是否是管理员(即用户名是否为admin)的代码:

```
<%
try{
    String username = (String)session.getAttribute("username");
    if(username!=null&&"admin".equals(username)){
        out.print("<a href=\"user/userList.jsp\">[user manage]</a>");
    }
}catch(Exception e){}
%>
```

【index.jsp 源代码】

```jsp
<%@ page language="java" import="java.util.*" pageEncoding="utf-8"%>
<jsp:useBean id="dob" class="cn.zmx.DataOperBean"/>
<%@ include file="header.jsp"%>
<html>
  <head>
<title>首页</title>
  </head>
  <body>
  <%
  try{
      String username = (String)session.getAttribute("username");
      if(username!=null&&"admin".equals(username)){
          out.print("<a href=\"user/userList.jsp\">[user manage]</a>");
      }
  }catch(Exception e){}
  %>
  <a href="add.jsp">[add]</a> <a href="search.jsp" target=_blank>[search]</a>
<table width="551" border="0" cellpadding="0" cellspacing="1" bgcolor="#999999">
      <tr>
        <td width="80" bgcolor="#CCCCCC">id</td>
        <td width="91" bgcolor="#CCCCCC">ususername</td>
        <td width="120" bgcolor="#CCCCCC">content</td>
        <td width="146" bgcolor="#CCCCCC">publishtime</td>
        <td width="108" bgcolor="#CCCCCC">operation</td>
      </tr>
      <%
      String[] temp = {"id","username","content","publishtime"};
      Vector<String[]> vec = dob.getData("book",temp,null);
      for(int i=0;i<vec.size();i++){
          String[] ss = vec.get(i);
      %>
      <tr>
        <td bgcolor="#FFFFFF"><%=ss[0]%></td>
        <td bgcolor="#FFFFFF"><%=ss[1]%></td>
        <td bgcolor="#FFFFFF">
        <%=ss[2].length()>6?ss[2].substring(0,5)+"…":ss[2]%></td>
        <td bgcolor="#FFFFFF"><%=ss[3]%></td>
```

```
            <td  bgcolor="#FFFFFF">
<a  href="detail.jsp?id=<%=ss[0]%>"  target=_blank>detail</a>
/<a  href="modify.jsp?id=<%=ss[0]%>">edit</a>
/<a  href="delete.do?id=<%=ss[0]  %>">delete</a>
</td>
        </tr>
        <%  }  %>
</table>
<p><br>
        </p>
<%@  include  file="bottom.jsp"%>
   </body>
</html>
```

上面代码通过 session 取出其中的 username 属性值,如果是管理员,则显示用户管理的链接。

运行结果

输入用户名为 admin 的账号,登录后运行结果如图 3-10 所示。

图 3-10　session 对象的使用【1】

3.4　application 对象

服务器启动后就产生了这个 application 对象,当客户在所访问的网站的各个页面之间浏览时,这个 application 对象都是同一个,直到服务器关闭。

与 session 不同的是,所有客户的 application 对象都是同一个,即所有客户共享这个内置的 application 对象。

application对象常用方法如表3-5所示。

表3-5　application对象常用方法

方法	说明
public void setAttribute(String key,Object obj)	调用该方法将对象obj添加到application对象中,并为添加的对象指定了一个索引关键字key,如果添加的两个对象的关键字相同,则先前添加对象被清除。
Public Object getAttibue(String key)	获取索引关键字是key的对象。
Public Enumeration getAttributeNames()	调用该方法产生一个枚举对象,该枚举对象使用nextElemet()遍历application对象所含有的全部对象。
Public void removeAttribue(String key)	从当前application对象中删除关键字是key的对象。
Public String getServletInfo()	获取Servlet编译器的当前版本的信息。
Public String getRealPath(String str)	根据str给定的虚拟路径,返回服务器文件系统的真实路径

【例3-8】application计数器。
【bottom.jsp源代码】

```jsp
<%@ page language="java" pageEncoding="UTF-8"%>
<%--
只能读取上下文参数配置的"邮箱地址"
才能读取初始化参数
--%>
<%   //application计数器应用
    String strNum = (String) application.getAttribute("Num");
    int Num = 1;
    if (strNum != null)
        Num = Integer.parseInt(strNum) + 1;
    application.setAttribute("Num", String.valueOf(Num));
%>
<table width="100%" height="40" border="0" cellpadding="0"
    cellspacing="1" bgcolor="#CCCCCC">
    <tr>
        <td align="center" valign="middle">
开发日期:
<%=pageContext.getServletContext().getInitParameter("date")%>
            联系方式:<%=pageContext.getServletContext().getInitParameter(
                        "email")%>
            访问人数:<%=Num %>
        </td>
    </tr>
</table>
```

运行结果

运行结果,如图 3-11 所示。

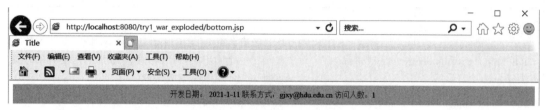

图 3-11　application 计数器

3.5　out 对象

out 对象是一个输出流,用来向客户端输出数据。前面例子里曾多次使用 out 对象进行数据的输出。

3.5.1　out 对象常用方法

out 对象常用方法如表 3-6 所示。

表 3-6　out 对象常用方法

方法	说明
void print(类型名)	向客户端输出各种类型数据
void println(类型名)	向客户端换行输出各种类型数据
void newLine()	向客户端输出一个换行符
void flush()	向客户端输出缓冲区的数据
void close()	关闭输出流
void clearBuffer()	清除缓冲区数据,并把数据写到客户端
void clear()	清除缓冲区数据,但不把数据写到客户端
int getBufferSize()	获得缓冲区的大小,缓冲区大小可用＜%@page buffer= " size " %＞设置
int getRemaining()	获得缓冲区没有使用的字节数目
boolean isAutoFlush()	返回结果由编译指令 page 的 autoFlush 的属性值决定,如果为真则返回 true,反之返回 false

【例3-9】通过out对象打印javascript脚本。

【logout.jsp源代码】

```jsp
<%@ page language="java" import="java.util.*" pageEncoding="UTF-8"%>
<html>
  <head>
    <title>logout</title>
  </head>
  <body>
    <%
    session.removeAttribute("username");//登录过程checkLogin.jsp创建的属性
    session.removeAttribute("user");//注册用户addUser.jsp创建的属性
    session.invalidate();
    //下面语句正常应用
    out.print("<script language='javascript'>alert('正常退出');location.href='login.jsp';
</script>");
    %>
  </body>
</html>
```

运行结果

在任意页面,只要点击"注销"链接,便会弹出一个对话框,点击确定后,重新定向到
login.jsp页面,如图3-12所示。

图3-12　out对象打印对话框

点击"确定"后,重新定向到login.jsp页面,如图3-13所示。

图 3-13　点击"确定"后重定向

3.5.2　out 对象之 print() 和 println() 对比

在 out 对象中,print() 和 println() 两个方法是最重要的两个方法。

虽然在网页上表现效果一样,但还是有区别的,区别是:

print() 方法在输出完毕后并不换行,而 println() 方法在输出完毕后会自动换行。

当然,println() 方法并不会真的在网页上产生换行的效果(字串长度超过浏览器视窗的宽度时会自动换行),只是当你在查看源文件时才会看到换行的效果。

3.6　exception 对象

在 JSP 应用运行过程中无法保证不发生错误,那么当发生错误该如何处理呢?我们不希望给用户看到的是一个显示一大堆错误信息的页面。实际上,本节要讲的 exception 对象就是专门用来处理这些问题的。

但是 exception 对象一般要和 page 指令配合使用,通过指定某个页面为错误处理页面,把 JSP 文件执行过程中所有发生的错误都集中到该页面去处理,不仅使得错误界面可以定制,而且使程序流程变得简单。

3.6.1　exception 对象常用方法

exception 对象常用方法如表 3-7 所示。

表 3-7　exception 对象常用方法

方法	说明
String getMessage()	返回错误信息
String toString()	返回关于异常的简短描述消息

方法	说明
void printStackTrace()	以标准错误的形式输出一个错误和错误的堆栈
String getLocalizedMessage()	取得本地语系的错误提示信息

3.6.2 exception对象的使用

在本系统的登录页面添加了错误处理,当数据库连接异常时,我们肯定无法登录,这时肯定会发生异常,如果未对这种异常加以处理,就会显示不友好的出错页面。

所以系统里添加了一个error.jsp页面,凡是发生异常的页面都会自动跳转到error.jsp来显示。本例中的checkLogin.jsp的page指令的errorPage属性必须设置为error.jsp,否则出错时就不会跳转到error.jsp页面上来。另外error.jsp页面的page指令中的isErrorPage属性必须设置为true。

文件checkLogin.jsp代码请参考"3.2.3 response的HTTP文件头"中的实例。

【error.jsp源代码】

```
<%@ page language="java" pageEncoding="UTF-8" isErrorPage="true"%>
<%@ page import="java.io.PrintWriter" %>
<%@ include file="header.jsp"%>
<html>
<head>
<title>出错页面</title>
</head>
<body>
<p> 错误产生:<I><%= exception %></I></p><br>
<pre>
问题如下:
<%//输出错误的原因
exception.printStackTrace(new PrintWriter(out)); %>
</pre>
<%@ include file="bottom.jsp"%>
</body>
</html>
```

运行结果

首先,我们把MySQL数据库的服务停止,然后尝试去登录,运行结果如图3-14所示。

图 3-14   error 对象的使用

3.7   其他内置对象

这里对 pageContext、config、page 这三个内置对象做一下简单介绍。

1.pageContext

在 JSP 编程过程中,会用到大量的对象属性,例如 session、application、out 等。事实上,pageContext 对象为我们提供了所有 JSP 程序执行过程中所需要的属性以及方法。

2.config

config 对象主要提供 servlet 类的初始参数以及有关服务器环境信息的 ServletContext 对象。是 javax.servlet.ServletConfig 类的对象引用。可以通过 pageContext 对象并调用它的 getServletConfig()方法来得到 config 对象。

3.page

page 对象代表 JSP 本身,更准确地说它代表 JSP 被转译后的 Servlet,它可以调用 Servlet 类所定义的方法。

3.8 JSP内置对象实例

3.8.1 实例1(防刷新计数器)

用session对象禁止客户通过刷新页面增加计数。当客户刷新页面时，我们可以使用session的public boolean isNew()方法判断是否是一个新的客户，因为客户刷新页面不会改变服务器分配给该客户的session对象。

【index.jsp源代码】

```
<%@ page contentType="text/html;charset=GB2312"%>
<%@ page import="java.io.*"%>
<HTML>
    <BODY>
        <%!int number = 0;

    synchronized void countPeople() {
        if (number == 0) {


            try {
                File f = new File("D:/", "countPeople.txt");
                FileInputStream in = new FileInputStream(f);
                DataInputStream dataIn = new DataInputStream(in);
                number = dataIn.readInt();
                number++;
                in.close();
                dataIn.close();
            } catch (FileNotFoundException e) {
                number++;
                writeFile("D:/","countPeople.txt");
            } catch (IOException ee) {
            }
        } else {
            number++;
            writeFile("D:/","countPeople.txt");
        }
```

```
        }
        void writeFile(String path,String name){
            try {
                File f = new File(path,name);
                FileOutputStream out = new FileOutputStream(f);
                DataOutputStream dataOut = new DataOutputStream(out);
                dataOut.writeInt(number);
                out.close();
                dataOut.close();
            } catch (FileNotFoundException e) {
            } catch (IOException e) {
            }
        }
    %>
        <%
            if (session.isNew()) {
                countPeople();
                String str = String.valueOf(number);
                session.setAttribute("count", str);
            }
        %>
        <P>
            您是第<%=(String) session.getAttribute("count")%>个访问本站的人。
    </BODY>
</HTML>
```

这里的countPeople.txt不需要创建,在程序运行过程中会自动创建。

运行结果

(1)第一次启动index.jsp页面,运行结果如图 3-15 所示,刷新多次后由于 session 不变,所以计数器始终不会累加。

图 3-15　第一次执行 index.jsp 页面

（2）打开一个新的IE浏览器，再次执行index.jsp页面，如图3-16所示。

图3-16 打开一个新IE窗口再次执行

下面我们用application对象来实现这个计数器。

由于application对象对所有的客户都是相同的，任何客户对该对象中存储的数据的改变都会影响到其他客户，因此，在某些情况下，对该对象的操作需要实现同步处理。

将计数存放在application对象中，每个客户对该对象中"计数"的改变都会影响到其他客户。

注：有些服务器不直接支持使用application对象，必须用ServletContext类声明这个对象，再使用getServletContext()方法对这个application对象进行初始化。

【index.jsp源代码】

```
<%@ page contentType="text/html;charset=GB2312" %>
<HTML>
<BODY>
    <%!
    synchronized void countPeople()
        { ServletContext    application=getServletContext();
            Integer  number=(Integer)application.getAttribute("Count");
            if(number==null)
                { number=new Integer(1);
                    application.setAttribute("Count",number);
                }
            else
                { number=new Integer(number.intValue()+1);
                    application.setAttribute("Count",number);
                }
        }
    %>
    <% if(session.isNew())

        { countPeople();
```

```
            Integer  myNumber=(Integer)application.getAttribute("Count");
            session.setAttribute("MyCount",myNumber);
        }
    %>
<P><P>您是第
    <%int  a=((Integer)session.getAttribute("MyCount")).intValue();
    %>
    <%=a%>
个访问本站的客户。
</BODY>
</HTML>
```

运行结果

(1)第一次执行,如图 3-17 所示。

在同一个页面刷新多次都无法使计数累加,说明 session 始终是同一个。

图 3-17　第一次执行

(2)打开一个新 IE 后再次执行,如图 3-18 所示,计数累加,说明产生一个新的 session。

图 3-18　打开一个新 IE 再次执行

3.8.2　实例 2(用户注册信息)

本实例通过表单实现用户注册信息,如果用户输入信息不合法,则提示错误信息。

新建两个文件 index.jsp 和 result.jsp。index.jsp 是用来接收用户输入的一个表单,result.jsp 是显示注册结果,这里有两个结果,一个是成功,另一个是失败,如果失败还要显示失败原因。

【index.jsp 源代码】

```
<%@ page contentType="text/html;charset=GB2312" %>
<HTML>
<BODY>
    <form action="result.jsp" method="post">
    用户名:<input type="text" name="username"><br>
    密　码:<input type="password" name="password"><br>
    年　龄:<input type="text" name="age"><br>
    <input type="submit" value="注册">
    </form>
</BODY>
</HTML>
```

【result.jsp 源代码】

```
<%@ page language="java" import="java.util.regex.Pattern" pageEncoding="UTF-8"%>
<%!
public boolean isNumeric(String str){
    Pattern pattern = Pattern.compile("[0-9]*");
    return pattern.matcher(str).matches();
}
%>
<%
String username=request.getParameter("username");
String password=request.getParameter("password");
String age=request.getParameter("age");
if("".equals(username)||"".equals(password)||"".equals(age)){
    out.print("信息不能为空! <br>");
    out.print("<a href=\"javascript:history.go(-1)\">返回</a>");
}
else{
    //判断年龄是否为数字
    if(!isNumeric(age)){
        out.print("年龄必须为数字<br>");
        out.print("<a href=\"javascript:history.go(-1)\">返回</a>");
    }else{
        out.print("注册成功<br>");
        out.print("用户名:"+username);
```

```
        out.print("密码："+password);
        out.print("年龄："+age);
    }


}
%>
```

运行结果

（1）执行index.jsp页面，显示注册页面，如图3-19所示。

图3-19　注册页面

（2）输入信息不全时显示结果如图3-20所示。

图3-20　输入信息不全时显示结果

（3）输入信息全但年龄不是数字，如图3-21所示。

图3-21　输入信息全但年龄不是数字

（4）输入完全合法时，如图3-22所示。

图3-22　输入完全合法

3.8.3　实例3（获取请求相关信息）

通过方法调用，获取请求相关的信息。

【index.jsp源代码】

```jsp
<%@ page contentType="text/html;charset=gb2312"%>
<%request.setCharacterEncoding("gb2312");%>
<html>
<head>
<title>例子1</title>
</head>
<body bgcolor="#FFFFF0">
<form action="" method="post">
    <input type="text" name="qwe">
    <input type="submit" value="提交">
</form>
请求方式:<%=request.getMethod()%><br>
请求的资源:<%=request.getRequestURI()%><br>
请求用的协议:<%=request.getProtocol()%><br>
请求的文件名:<%=request.getServletPath()%><br>
请求的服务器的IP:<%=request.getServerName()%><br>
请求服务器的端口:<%=request.getServerPort()%><br>
客户端IP地址:<%=request.getRemoteAddr()%><br>
客户端主机名:<%=request.getRemoteHost()%><br>
表单提交来的值:<%=request.getParameter("qwe")%><br>
</body>
</html>
```

运行结果

（1）第一次打开时候，因为未点击"提交"按钮，所以默认是以 GET 方式提交，如图 3-23 所示。

（2）输入 aaa，点击"提交"，因表单请求方式是 POST，所以这里显示请求方式就变为 POST，如图 3-24 所示。

图 3-23　获取请求相关信息【1】

图 3-24　获取请求相关信息【2】

3.8.4　实例 4（表单信息读取）

本例中表单的 action 属性不写表示提交信息最终由自身页面来处理，如果想要提交信息由 a.jsp 来处理，只需将<%…%>中代码放到 a.jsp 中，然后设置 action 属性值为 a.jsp 即可。这里我们直接写成一个文件来处理。

【index.jsp 源代码】

```
<%@ page contentType="text/html;charset=gb2312"%>
<%request.setCharacterEncoding("gb2312");%>
<html>
<head>
    <title>例子 2</title>
</head>
<body bgcolor="#FFFFF0">
<!-- 这里的 action 不写，表示提交信息最终由自身页面来处理  -->
<form action="" method="post">
    用户名：<input type="text" name="username">  
    密  码：<input type="password" name="password">  
    <input type="submit" value="提交" >
</form>
<%
```

```
    out.print("用户名:"+request.getParameter("username"));
    out.print("密码:"+request.getParameter("password"));
%>
</body>
</html>
```

运行结果

（1）刚打开时页面，如图3-25所示。

图3-25　表单信息读取【1】

（2）输入用户名为张三，密码为123，如图3-26所示。

图3-26　表单信息读取【2】

3.8.5　实例5（提交表单计算平方根）

下面通过一个例子进一步来熟悉表单操作。

通过表单向自己提交一个正数，然后计算这个数的平方根并显示。

【index.jsp源代码】

```
<%@ page contentType="text/html;charset=GB2312" %>
<HTML>
```

```
<BODY>
    <form action="" method="post">
            <INPUT type="text" name="num">
            <INPUT TYPE="submit" value="计算" name="submit">
    </FORM>
    <%String textContent=request.getParameter("num");
        double number=0,r=0;
        if(textContent==null)
            {textContent="";
            }
        try{ number=Double.parseDouble(textContent);
            if(number>=0)
                {r=Math.sqrt(number) ;
                  out.print("<BR>"+String.valueOf(number)+"的平方根：");
                  out.print("<BR>"+String.valueOf(r));
                }
            else
                {out.print("<BR>"+"请输入一个正数");
                }
            }
        catch(NumberFormatException e)
        {out.print("<BR>"+"请输入数字字符");
        }
    %>
</BODY>
</HTML>
```

运行结果

（1）启动打开时，显示如图 3-27 所示。因为刚启动时，未提交任何信息，而页面中的代码还在做数字的格式化处理，所以发生"请输入数字字符"的异常信息。

图 3-27　异常处理【1】

（2）当输入一个负数，如−5时，显示如图3−28所示。

图3−28　异常处理【2】

（3）当输入一个正数时，如5，显示如图3−29所示。

图3−29　正常计算平方根

注：使用request对象获取信息时要格外小心。

在上面的例子中：

"String　textContent　=request.getParameter("num");"为获取提交的字符串信息，并且在下面的代码中使用了这个字符串对象：number=Doule.parseDoubel(textContent);

那么，JSP引擎在运行这个JSP页面生成的字节码文件时，会认为你使用了空对象，因为在这个字节码被执行时（客户请求页面时），客户可能还没有提交数据，textContent还没有被创建。如果你使用了空对象，即还没有创建对象，就使用了该对象，Java解释器会提示出现了NullPointerException异常，当然如果你不使用空对象就不会出现异常。

因此，我们可以像上述例子那样，为了避免在运行时Java认为我们使用了空对象，使用如下代码进行处理：

```
String  textContent=request.getParameter("num");
if(textContent==null)
{
textContent="";
    }
```

3.8.6　实例6(中文乱码问题)

本例在index.jsp页面的文本框里输入:"你好",然后提交给next.jsp进行显示。
【index.jsp源代码】

```
<%@ page contentType="text/html;charset=GB2312" %>
<HTML>
<BODY>
    <FORM action="next.jsp" method="post">
        <INPUT type="text" name="ttt">
        <INPUT TYPE="submit" value="提交" name="submit">
    </FORM>
</BODY>
</HTML>
```

【next.jsp源代码】

```
<%@ page contentType="text/html;charset=GB2312" %>
<HTML>
<BODY>
<P>获取文本框提交的信息:
    <%String textContent=request.getParameter("ttt");
        byte    b[]=textContent.getBytes("ISO-8859-1");
        textContent=new String(b);
    %>
<BR>
    <%=textContent%>
<P> 获取按钮的名字:
    <%String buttonName=request.getParameter("submit");
        byte    c[]=buttonName.getBytes("ISO-8859-1");
        buttonName=new String(c);
    %>
<BR>
    <%=buttonName%>
</BODY>
</HTML>
```

运行结果

(1)输入"张三"并提交,如图3-30所示。

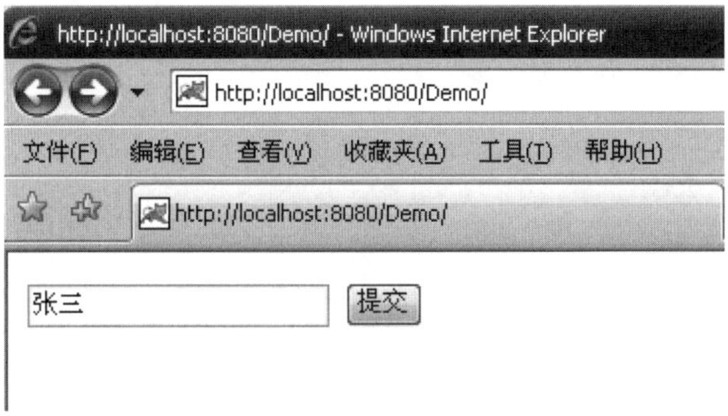

图3-30　提交页面

（2）正常显示中文，如图3-31所示。

图3-31　正常显示中文

如果把next.jsp代码改成如下：

【next.jsp源代码】

```
<%@ page contentType="text/html;charset=GB2312" %>
<HTML>
<BODY>
<P>获取文本框提交的信息:
    <%String textContent=request.getParameter("ttt");
 //   byte  b[]=textContent.getBytes("ISO-8859-1");
 //   textContent=new String(b);
    %>
<BR>
    <%=textContent%>
<P> 获取按钮的名字:
    <%String buttonName=request.getParameter("submit");
 //   byte   c[]=buttonName.getBytes("ISO-8859-1");
 //   buttonName=new String(c);
    %>
```

```
<BR>
    <%=buttonName%>
</BODY>
</HTML>
```

那么同样输入"张三"点击提交后,运行结果就变成如图 3-32 所示。

图 3-32　提交页面

因为代码中未对中文进行处理,所以显示结果如图 3-33 所示。

图 3-33　显示乱码

3.8.7　实例 7(动态响应 contentType 属性)

当客户点击按钮,选择将当前页面保存为一个 Word 文挡时,JSP 页面动态地改变 contentType 的属性值为 application/msword。客户的浏览器会提示客户用 Ms-Word 格式来显示当前页面。

【index.jsp 源代码】

```
<%@  page  contentType="text/html;charset=GB2312"  %>
<HTML>
<BODY>
  <P>将当前页面保存为 word 文档吗?
```

```
    <FORM action="" method="get">
       <INPUT TYPE="submit" value="是的" name="submit">
    </FORM>
<%  String str=request.getParameter("submit");
        if(str==null)
            {str="";
            }
        if(str.equals("是的"))
            {response.setContentType("application/msword;charset=GB2312");
            }
%>
</BODY>
</HTML>
```

运行结果

点击Save按钮后自动弹出对话框,提示用户保存,如图3-34所示。

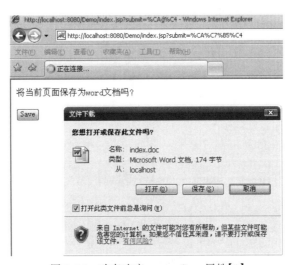

图3-34 动态响应contentType属性【1】

当客户选择用Excel表格显示JSP页面中的一个A.txt文件时,我们用response对象将contentType的属性值设为"application/x-msexcel"。

需要注意的是:在编辑文本文件A.txt时,回车要用
来表示,输入空格时要将输入法切换到全角(因为半角输入的多个空格被浏览器认为是一个空格)。为了能用Excel显示该文件,数据列之间要有4个空格(必须在全角状态下编辑空格)。A.txt和JSP页面保存在同一目录中。

A.txt

34   79   51   99

40	89	92	99\
64	99	30	99\
74	56	80	99\
87	97	88	99\
74	65	56	99\
67	75	67	66\
89	77	88	99\
11	22	33	44\

【index.jsp 源代码】

```jsp
<%@ page contentType="text/html;charset=GB2312" %>
<HTML>
<BODY>
    <P>您想使用什么方式查看文本文件 A.txt?
    <FORM action="process.jsp" method="post">
        <INPUT TYPE="submit" value="word" name="submit1">
        <INPUT TYPE="submit" value="excel" name="submit2">
    </FORM>
</BODY>
</HTML>
```

【process.jsp 源代码】

```jsp
<%@ page contentType="text/html;charset=GB2312" %>
<HTML>
<BODY>
<%  String str1=request.getParameter("submit1");
    String str2=request.getParameter("submit2");
        if(str1==null)
            {str1="";
            }
        if(str2==null)
            {str2="";
            }
        if(str1.equals("word"))
            {response.setContentType("application/msword;charset=GB2312");
             out.print(str1);
            }
```

```
            if(str2.equals("excel"))
            {response.setContentType("application/x-msexcel;charset=GB2312");
            }
%>
<jsp:include  page="A.txt"/>
</BODY>
</HTML>
```

运行结果

运行结果如图3-35所示。

图3-35　动态响应contentType属性【2】

点击"word"后,如图3-36所示。

图3-36　显示Word文件内容

点击"excel"后,如图3-37所示。

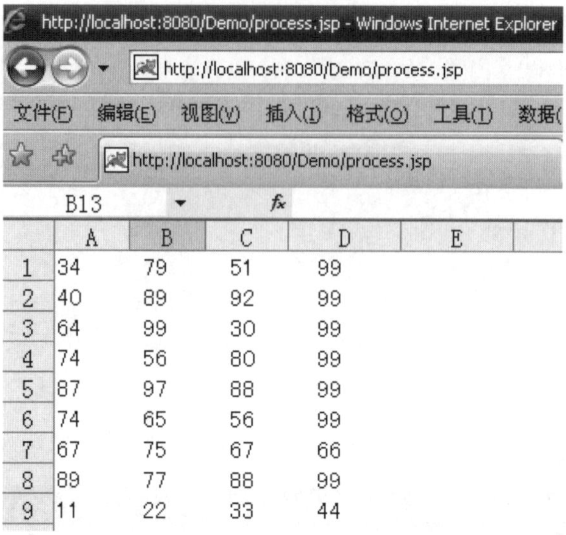

图 3-37　显示 Excel 文件内容

3.8.8　实例 8 (定时刷新页面)

在 response 对象中添加一个响应头："refresh"，其头值是"5"。那么客户收到这个头之后，5 秒钟后将再次刷新该页面，导致该网页每 5 秒刷新一次。

【index.jsp 源代码】

```
<%@ page contentType="text/html;charset=GB2312" %>
<%@ page import="java.util.*" %>
<HTML>
<BODY>
现在的时间是:<BR>
<% out.println(""+new Date().toLocaleString());
    response.setHeader("Refresh","5");
%>
</BODY>
</HTML>
```

运行结果

运行结果如图 3-38 所示。

现在的时间是：
2021-3-5 14:59:39

图3-38　定时刷新

过5秒后如图3-39所示。

现在的时间是：
2021-3-5 15:00:04

图3-39　过5秒后显示结果

3.8.9　实例9（response重定向）

用户输入用户名和密码，如果用户名和密码分别是admin和123，就重定向到success.jsp页面，否则重定向到登录页面。

【index.jsp源代码】

```
<%@ page contentType="text/html;charset=GB2312" %>
<HTML>
<BODY>
登录<br>
<form action="next.jsp" method="post">
用户名:<input type="text" name="username"><br>
密  码:<input type="password" name="password"><br>
<input type="submit" value="登录">
</form>
</BODY>
</HTML>
```

【next.jsp源代码】

```
<%
```

```
String username = request.getParameter("username");
String password = request.getParameter("password");
if("admin".equals(username)&&"123".equals(password)){
    response.sendRedirect("success.jsp");
}else{
    response.sendRedirect("index.jsp");
}
%>
```

【success.jsp源代码】

```
<html>
  <head>
  </head>
  <body>
    success
  </body>
</html>
```

运行结果

运行结果如图 3-40 所示。

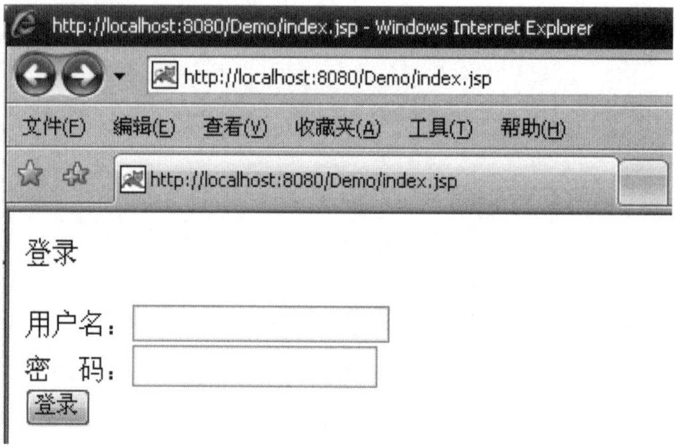

图 3-40　重定向起始页面

当输入用户名和密码分别为 admin 和 123 后，点击"登录"，结果页面如图 3-41 所示，注意地址栏变化。

图 3-41 重定向结果页面

3.8.10 实例 10(修改 response 状态码)

【index.jsp 源代码】

```
<%@ page contentType="text/html;charset=GB2312" %>
<HTML>
<BODY>
    <A HREF="file1.jsp"> file1</A>
</BODY>
</HTML>
```

【file1.jsp 源代码】

```
<%@ page pageEncoding="gb2312" %>
<HTML>
<BODY>
 <% response.setStatus(408);
     out.print("不显示了");//由于上面设置状态为 408,这里就不再打印信息
 %>
</BODY>
</HTML>
```

运行结果

运行结果如图 3-42、图 3-43 所示。

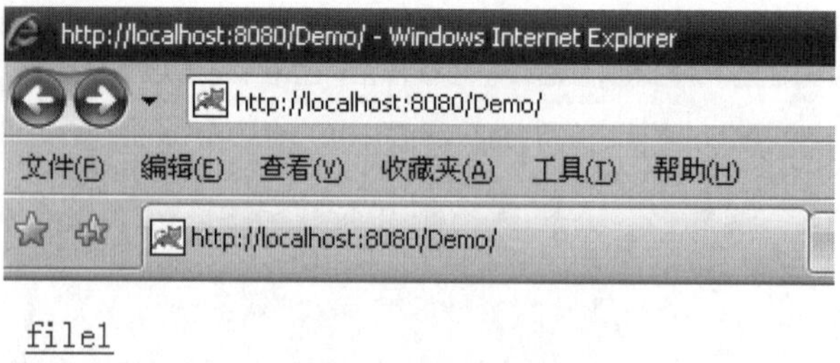

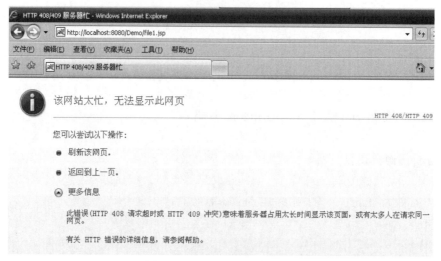

file1

图 3-42　设置响应状态行【1】

图 3-43　设置响应状态行【2】

3.8.11　实例 11(session 与 URL 重写)

如从 a.jsp 页面连接到 b.jsp。

首先实现 URL 重写:

String str=response. encodeURL ("b.jsp");

然后将连接目标写成<%=str%>;

如果客户不支持 Cookie,我们就将 a.jsp 和 b.jsp 进行 URL 重写。

首先将 Cookie 禁用,接着编写 a.jsp 和 b.jsp 两个页面代码。

【a.jsp 源代码】

```
<%@ page contentType="text/html;charset=GB2312" %>
<HTML>
<BODY>
<P> session 对象的 ID 是:
    <% String s=session.getId();
        String str=response.encodeURL("b.jsp");
    %>
```

```
  <%=s%>
  <BR>
<P>向URL:http://localhost:8080/b.jsp写入的信息是:<br>
    <%=str%><br>
    <a href="<%=str%>">b.jsp</a>
</BODY>
</HTML>
```

【b.jsp源代码】

```
<%@ page contentType="text/html;charset=GB2312" %>
<HTML>
<BODY>
<P> session对象的ID是:
    <% String s=session.getId();
       String str=response.encodeURL("a.jsp");
    %>
    <%=s%>
  <BR>
<P>向URL:http://localhost:8080/a.jsp写入的信息是:<br>
    <%=str%><br>
    <a href="<%=str%>">a.jsp</a>
</BODY>
</HTML>
```

运行结果

运行结果如图3-44和图3-45所示。

图3-44　URL重写【1】

图 3-45　URL 重写【2】

如上可以看出,进过 URL 重写后,点击"b.jsp"超级链接进入 b.jsp,两个页面的 session 对象 ID 是相同的。这样服务器就能够在 Cookie 禁用的情况下识别是否是同一个客户了。

3.8.12　实例 12(session 的 ID)

让客户在服务器里的三个页面之间进行切换,只要不关闭浏览器,3 个页面的 session 对象是完全相同,即 session 对象的 ID 相同。

首先打开 index.jsp,通过超级链接进入 file1.jsp,再通过 file1.jsp 中的超级链接进入 file2.jsp,最后通过 file2.jsp 中的超级链接进入 index.jsp,整个过程中我们只需注意 ID 是否相同即可。

【index.jsp 源代码】

```jsp
<%@ page contentType="text/html;charset=GB2312" %>
<HTML>
<BODY>
session 的 ID 是
<%=session.getId() %>
    <A HREF="file1.jsp">进入 file1</A>
</BODY>
</HTML>
```

【file1.jsp 源代码】

```jsp
<%@ page contentType="text/html;charset=GB2312" %>
<HTML>
<BODY>
session 的 ID 是
<%=session.getId() %>
```

```
    <A  HREF="file2.jsp">进入 file2</A>
</BODY>
</HTML>
```

【file2.jsp 源代码】

```
<%@  page  contentType="text/html;charset=GB2312"  %>
<HTML>
<BODY>
session 的 ID 是
<%=session.getId()  %>
    <A  HREF="index.jsp">返回 index</A>
</BODY>
</HTML>
```

运行结果

打开首页,如图 3-46 所示,点击"进入 file1",如图 3-47 所示。

图 3-46　打开首页时 session 的 ID

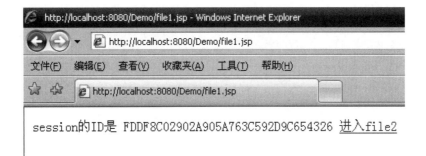

图 3-47　进入 file1.jsp 时 session 的 ID

点击"进入 file2",如图 3-48 所示。

session的ID是 FDDF8C02902A905A763C592D9C654326 返回index

图 3-48　进入 file2.jsp 时 session 的 ID

　　从上例可以看出,客户在 3 个 JSP 页面进行切换,整个过程中 session 的 ID 始终都是相同的,即同一个 session。

　　其他实例:通过 session 对象的 isNew()方法可以判断是否是一个新的客户,这样我们可以做出一个防刷新的计数器。即避免因为刷新页面而使计数器累加。

　　【index.jsp 源代码】

```
<%@ page contentType="text/html;charset=GB2312" %>
<HTML>
<BODY>
session 的 ID是
<%=session.getId() %><br>
    <A HREF="file1.jsp">进入file1</A>
</BODY>
</HTML>
```

　　【file1.jsp 源代码】

```
<%@ page contentType="text/html;charset=GB2312"%>
<HTML>
    <BODY>
        <%!
        int number = 1;
        synchronized void countPeople() {
        number++;
        }%>
        <%
            if (session.isNew()) {
                countPeople();
            }
        String str = String.valueOf(number);
        session.setAttribute("count", str);
        %>
```

```
        <P>
            您是第<%=(String) session.getAttribute("count")%>个访问本站的人。
<br>
            <A  HREF="index.jsp">返回 index</A>
    </BODY>
</HTML>
```

运行结果

运行结果如图 3-49、图 3-50 所示。

图 3-49   打开首页时 session 的 ID

图 3-50   显示计数

此时,再点击"返回 index",回到图 3-49 所示,再点击"进入 file1",又回到图 3-50 所示。因为是同一客户,所以这里的计数器不会累加。

但如果将 file1.jsp 中的代码:

```
if  (session.isNew()) {
            countPeople();
    }
```

改成:

```
if  (!session.isNew()) {
            countPeople();
    }
```

　　表示如果是同一客户,就累加计数器,那么运行结果,如图 3-51、图 3-52、图 3-53 和图 3-54 所示。

图 3-51　第一次打开首页

图 3-52　同一用户计数器累加

图 3-53　返回到首页

图 3-54　同一用户计数器累加

3.8.13　实例13(session对象的使用)

演示getAttribute和setAttribute两个方法的用法。

通过将Java对象存入session对象,跳转到另一个JSP页面后再将Java对象从session对象中读出来,从而实现Java对象在不同页面的传递。

需要创建一个Java类,在包cn.zmx下,名为Student.java,同时新建两个JSP页面,分别为index.jsp和result.jsp。

【Student.java源代码】

```java
package cn.zmx;
public class Student {
    private String name;
    private int age;
    private String address;
    public String getName() {
        return name;
    }

    public void setName(String name) {
        this.name = name;
    }

    public int getAge() {
        return age;
    }

    public void setAge(int age) {
        this.age = age;
    }

    public String getAddress() {
        return address;
    }

    public void setAddress(String address) {
        this.address = address;


    }
}
```

【index.jsp 源代码】

```
<%@ page language="java" import="cn.zmx.*" pageEncoding="UTF-8"%>
<html>
  <head>
    <title>session 对象使用</title>
  </head>
  <body>
    <%
    Student  stu  =  new  Student();
    stu.setName("张三");
    stu.setAge(20);
    stu.setAddress("杭州电子科技大学");

    //将 stu 存入 session 对象中
    session.setAttribute("stu_key",stu);
    %>
    <a  href="result.jsp">验证</a>
  </body>
</html>
```

【result.jsp 源代码】

```
<%@ page language="java" import="cn.zmx.*" pageEncoding="UTF-8"%>
<%
//从 session 对象中读取存入的 stu 对象
Student  stu  =  (Student)session.getAttribute("stu_key");
%>
读出的对象信息：
<br>
姓名：<%=stu.getName()%><br>
年龄：<%=stu.getAge()%><br>
地址：<%=stu.getAddress()%><br>
```

运行结果

运行结果如图 3-55 和图 3-56 所示。

验证

图3-55 session对象操作【1】

读出的对象信息：
姓名：张三
年龄：20
地址：杭州电子科技大学

图3-56 session对象操作【2】

通过以上例子看出，Java对象可以通过session进行页面间的传递。

3.8.14 实例14（application对象的使用）

【index.jsp源代码】

```jsp
<%@ page language="java"   pageEncoding="UTF-8"%>
<html>
  <head>
    <title>application对象使用</title>
  </head>
  <body>
<%=application.getRealPath("/")%>
  </body>
</html>
```

运行结果

运行结果如图3-57所示。

图 3-57　取得项目路径

其他例子：保存和获取属性。

注意：application 对象是一直存留在服务器中的，直至服务器关闭。所以，我们同时打开多个窗口或者关闭窗口后再打开，都会取到属性值。

这里新建两个 JSP 页面，分别为 index.jsp 和 common.jsp。

【index.jsp 源代码】

```
<%@page  contentType="text/html;charset=gb2312"%>
<HTML>
    <HEAD>
        <TITLE>application 对象的使用</TITLE>
    </HEAD>
    <BODY>
        <%
        String  str = (String)application.getAttribute("app");
        %>
        从 application 对象中取出属性值：
        <FONT  COLOR="RED"><%=str%></FONT>
    </BODY>
</HTML>
```

【common.jsp 源代码】

```
<%@page  contentType="text/html;charset=gb2312"%>
<HTML>
    <HEAD>
        <TITLE>application 对象的使用</TITLE>
    </HEAD>
    <BODY>
        <%
        application.setAttribute("app","一个 Object 对象");
        %>
    </BODY>
</HTML>
```

运行结果

部署 Web 应用,启动 Tomcat 后,先打开 common.jsp,再打开 index.jsp,结果如图 3-58 所示。

从application对象中取出属性值: 一个Object对象

图 3-58 application 获取对象

3.8.15 实例 15(out 对象的使用)

利用 Calendar 类实现当前时间的年月日等信息,最后通过 out 对象在网页上打印出当前时间。

【index.jsp 源代码】

```jsp
<%@ page contentType="text/html;charset=GB2312" %>
<%@ page import="java.util.*" %>
<HTML>
<HEAD>
<BODY>
<%
Calendar Now = Calendar.getInstance();
int year = Now.get(Calendar.YEAR);
int month = Now.get(Calendar.MONTH)+1;
int day = Now.get(Calendar.DAY_OF_MONTH);

int hours=Now.get(Calendar.HOUR_OF_DAY);
int mins=Now.get(Calendar.MINUTE);
int secs=Now.get(Calendar.SECOND);
%>




现在是:
<%out.print(year+"年");%>
<%out.print(month+"月");%>
```

```
<%out.print(day+"日 ");%>
<%out.print(hours+"时 ");%>
<%out.print(mins+"分 ");%>
<%out.print(secs+"秒 ");%>
</BODY>
</HTML>
```

运行结果

运行结果如图 3-59 所示。

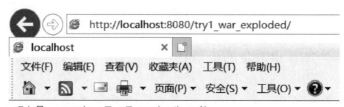

现在是：　2021年　3月　5日　15时　2分　53秒

图 3-59　out 对象的使用

3.8.16　实例 16（exception 对象的使用）

演示 exception 对象的使用。若要使用 exception 对象时 , 必须在 page 指令中设定 isErrorPage="true", 否则就无法正常使用 exception 对象。

本例主要是利用 exception 对象处理当用户输入数据不是整数时所发生的错误。

新建 3 个 JSP 页面 , 分别为 index.jsp、check.jsp 和 error.jsp。

【index.jsp 源代码】

```
<%@ page pageEncoding="gb2312"%>
<HTML>
<HEAD>
<BODY>
<form action="check.jsp" method="post">
请输入一个整数 :<input name="num" type="text">
<input type="submit" value="提交">
</form>
</BODY>
</HTML>
```

【check.jsp源代码】

```
<%@ page language="java"  pageEncoding="UTF-8" errorPage="error.jsp"%>
<%
//如果输入数据不是整数的话,这里就不能进行类型正常转换
String temp = request.getParameter("num");
int num = Integer.parseInt(temp);
out.print("输入的整数为:"+num);
%>
```

【error.jsp源代码】

```
<%@ page  isErrorPage="true" pageEncoding="gb2312"%>
错误信息:
<%=exception.getMessage()%>
```

运行结果

执行首页,显示结果如图3-60所示。

图3-60 打开首页

当输入为33时,结果如图3-61所示。

图3-61 输入33结果

当输入为33.3时,结果如图3-62所示。

图3-62 输入33.3结果

其他 exception 例子：演示利用 exception 对象处理当两数相除分母为零时所发生的错误。

新建两页面 index.jsp 和 error.jsp。

【index.jsp 源代码】

```
<%@ page pageEncoding="gb2312" errorPage="error.jsp"%>
<HTML>
<HEAD>
<BODY>
<%
out.print(2/0);
%>
</BODY>
</HTML>
```

【error.jsp 源代码】

```
<%@ page  isErrorPage="true" pageEncoding="gb2312"%>
错误信息：
<%=exception.getMessage()%>
```

运行结果

运行结果如图3-63所示。

错误信息：/ by zero

图3-63 处理并显示错误

3.9　本章小结

通过本章的学习,相信读者应该掌握了JSP内置对象的使用,以及在实际编程过程中所遇到的问题的解决。章节中安排了大量的实际例子供读者学习参考,由于pageContext、config、page这三个内置对象很少用,故本书不做过多介绍,读者如想进一步详细了解这三个对象的用法,请参考相关书籍。下一章我们将进入JavaBean组件技术的学习。

3.10　习　题

1.填空题

(1)JSP有如下9大内置对象:(　　　)、(　　　)、(　　　)、(　　　)、(　　　)、(　　　)、(　　　)、(　　　)、(　　　)。

(2)request对象的方法(　　　)返回请求的给出名字的属性的值,( )返回包含指定参数的单独值的字符串。

(3)response对象的方法(　　　)返回用于格式化文本应答的打印程序(即向客户端输出字符的一个对象)。

(4)(　　　)对象是JSP中一个很重要的内部对象,我们使用它来保存某个特定客户端(访问者)一次访问的一些特定信息。

(5)session对象的类为(　　　)。HttpSession由服务器的程序实现,提供(　　　)和(　　　)之间的会话。

2.简答题

(1)为什么要使用JSP内置对象,应用内置对象有什么好处?

(2)JSP有哪些内置对象,并简述它们的功能。

(3)简述JSP内置对象"request"的功能。

(4)response对象的sendRedirect方法的功能是什么,常在什么情况下使用?

(5)简述response对象的功能? request对象和response对象是如何相辅相成的?

(6)session对象的功能是什么,它在什么范围内共享信息?

(7)exception对象的功能是什么,它可以增强软件的什么性能?

3.实践题

设计一个表单页面和一个JSP程序,实现表单数据的读取与显示。

第二篇　提高篇

本篇共有 2 章,第 4 章介绍的是 JavaBean 组件技术,特别是 JavaBean 的编写和使用、属性的设置与获取等技术,并且在章节中安排了大量实例,以便读者能够进一步巩固所学知识;第 5 章介绍的是 Servlet 技术,由于 Servlet 技术是整个 JSP 学习过程中的一个重要环节,所以本书采用大的篇幅进行了详细的介绍,中间不乏穿插实例进行讲解,读者可按照实例进行上机演练。本篇作为提高篇,对于学好 JSP 很重要,读者要认真掌握其用法。

第 4 章

JavaBean 组件

本章将要向读者介绍 JavaBean 组件技术在 JSP 开发中的应用。

需重点掌握的内容有：

·JavaBean 的编写规则

·JavaBean 相关的操作指令

4.1 什么是 JavaBean

根据 SUN 公司的定义，JavaBean 是一个可重复使用的软件组件。实际上 JavaBean 是一种 Java 类，通过封装属性和方法成为具有某种功能或者处理某个业务的对象，简称 bean。

由于 JavaBean 是基于 Java 语言的，因此 JavaBean 不依赖平台，具有以下特点：

(1)可以实现代码的重复利用；

(2)易编写、易维护、易使用；

(3)可以在任何安装了 Java 运行环境的平台上使用，而不需要重新编译。

我们已经知道，一个基本的 JSP 页面就是由普通的 HTML 标签和 Java 程序片组成，如果程序片和 HTML 大量交互在一起，就显得页面混杂，不易维护。

因此，JSP 页面应当将数据的处理过程指派给一个或几个 bean 来完成，而我们要做的是只需在 JSP 页面中调用这个 bean 即可。不提倡大量的数据处理都用 Java 程序片来完成。在 JSP 页面中调用 bean 可有效地分离静态工作部分和动态工作部分。

4.2　编写和使用JavaBean

4.2.1　编写 JavaBean

JavaBean分为可视组件和非可视组件。

(1)在可视组件的应用中,微软的 Visual Basic是一个比较成功的例子,相信读者应该有所体会。

(2)在JSP中主要使用非可视组件。对于非可视组件,我们主要是关心它的属性和方法。

编写一个 JavaBean 就是编写一个 Java类,所以只要会写类就能编写一个bean,这个类创建的一个对象称做一个 bean。为了能让JSP引擎知道这个bean的属性和方法,需要在类的方法命名上遵守以下规则:

(1)如果类的成员变量的名字是xxx,那么为了更改或获取成员变量的值,即更改或获取属性,在类中就需要有两个方法:

①ngetXxx():用来获取属性xxx(注意这里方法名中第一个x变为大写X);

②nsetXxx():用来修改属性xxx(注意这里方法名中第一个x变为大写X)。

(2)对于boolean类型的成员变量,即布尔逻辑类型的属性,允许使用"is"代替上面的"get"和"set"。

(3)类中的普通方法不适合上面的命名规则,但这个方法必须是public的。

(4)类中如果有构造方法,那么这个构造方法也是public并且是无参数的。

(5)类中如果有带参数构造方法,那么必须要有一个public且无参数的构造方法。

【例4-1】本系统中为用户注册定义了一个JavaBean,并在接下去的内容里介绍如何在JSP页面中使用这个bean。

【UserBean.java源代码】

```java
package cn.zmx;

public class UserBean {
    private String username;
    private String password;

    public String getUsername() {
        return username;
    }

    public void setUsername(String username) {
```

```
        this.username = username;
    }


    public String getPassword() {
        return password;
    }


    public void setPassword(String password) {
        this.password = password;
    }
}
```

4.2.2 使用JavaBean

为了在JSP页面中使用bean,我们必须使用JSP动作标签:jsp:useBean。
格式:

```
<jsp:useBean  id="给bean起的名字" class="package.class" scope="有效范围">
</jsp:useBean>
或
<jsp:useBean  id="给bean起的名字" class="package.class" scope="有效范围"/>
```

scope取值可以有如下4种情况:
·page
JSP引擎分配给每个客户的bean是互不相同的,也就是说,尽管每个客户的bean的功能
相同,但它们占有不同的内存空间。该bean的有效范围是当前页面,当客户离开这个页面
时,JSP引擎取消分配给该客户的bean。
·session
JSP引擎分配给每个客户的bean是互不相同的,该bean的有效范围是客户的会话期间,
也就是说,如果客户在多个页面中相互连接,每个页面都含有一个useBean标签,如果这些
useBean标签中id的值相同并且scope的值都是session,那么该客户在这些页面得到的bean
是相同的。如果客户在某个页面更改了这个bean的属性,其他页面的这个bean的属性也将
发生同样的变化。当客户关闭浏览器时,JSP引擎取消分配给客户的bean。
·request
JSP引擎分配给每个客户的bean是互不相同的,该bean的有效范围是request期间。客
户在网站的访问期间可能请求过多个页面,如果这些页面含有scope取值是request的
useBean标签,那么每个页面分配给客户的bean也是互不相同的。JSP引擎对请求作出响应
之后,取消分配给客户的这个bean。

·application

JSP引擎为每个客户分配一个共享的bean,也就是说,所有客户共享这个bean,如果一个客户改变这个bean的某个属性的值,那么所有客户的这个bean的属性值都发生了变化。这个bean直到服务器关闭才被取消。

【例4-2】上面已经新建好了一个JavaBean类UserBean.java,现在用一个JSP文件(addUser.jsp)调用这个bean,useBean的scope属性为page。

【addUser.jsp源代码】

```jsp
<%@ page contentType="text/html; charset=utf-8" language="java" errorPage="" %>
<%@ include file="header.jsp"%>
<html>
<head>
<meta http-equiv="Content-Type" content="text/html; charset=utf-8" />
<title>添加注册</title>
</head>
<body>
<jsp:useBean id="user" class="cn.zmx.UserBean" scope="page"/>
请确认注册信息<br>
<hr align="center" width="100%" size="1" noshade>
<%--设置bean属性--%>
<%//测试代码
user.setUsername("张三");
user.setPassword("123");
%>
<%--因表单中的参数与javabean中的属性名相同,所以这里property="*",
服务器会查看所有的Bean属性和请求参数,如果两者名字相同则自动赋值--%>
<!-- 为了测试上面代码,下面原始代码暂时注释
<jsp:setProperty name="user" property="*"/>
-->
<%--获取bean属性--%>
<%//测试代码
out.print("用户名"+user.getUsername()+"<br>");
out.print("密码"+user.getPassword());
%>
<!--  为了测试上面代码,下面原始代码暂时注释
<jsp:getProperty name="user" property="username"/><br>
<jsp:getProperty name="user" property="password"/>
-->
```

```
<hr align="center" width="100%" size="1" noshade>
<%
//将 user 存入 session, 以便在 jsp 间传递对象
session.setAttribute("user",user);
%>
<a href="addUser_do.jsp">完成注册</a><br>
<a href="javascript:history.go(-1)">返回</a>
<%@ include file="../bottom.jsp"%>
</body>
</html>
```

运行结果

执行 addUser.jsp 文件, 运行结果如图 4-1 所示。

图 4-1   scope 属性为 page

【例 4-3】将 scope 属性设置为 session 后, 看看运行结果。

在 addUser.jsp 中打印用户名和密码后, 再添加修改 JavaBean 属性的代码。

【addUser.jsp 源代码】

```
<%@ page contentType="text/html; charset=utf-8" language="java" errorPage="" %>
<%@ include file="header.jsp"%>
<html>
<head>
<meta http-equiv="Content-Type" content="text/html; charset=utf-8" />
<title>添加注册</title>
</head>
<body>
<jsp:useBean id="user" class="cn.zmx.UserBean" scope="session"/>
请确认注册信息<br>
```

```
<hr align="center" width="100%" size="1" noshade>
<%--设置 bean 属性--%>
<%//测试代码
user.setUsername("张三");
user.setPassword("123");
%>
<%//测试代码
out.print("用户名 : "+user.getUsername()+"<br>");
out.print("密码 : "+user.getPassword());
//修改属性值
user.setUsername("李四");
user.setPassword("456");
%>
<hr align="center" width="100%" size="1" noshade>
<%
//将 user 存入 session,以便在 jsp 间传递对象
session.setAttribute("user",user);
%>
<a href="addUser_do.jsp">完成注册</a><br>
<a href="javascript:history.go(-1)">返回</a>
<%@ include file="../bottom.jsp"%>
</body>
</html>
```

为了测试 scope 设置为 session 后的效果,我们另外新建一个 JSP 页面(userBeanTest.jsp)进行测试。在该页面中只是获取 JavaBean 的属性,由于作用范围是 session,所以可以在不同页面之间共享数据,因此获取到的属性值正好是在 addUser.jsp 中修改后的属性值。

【userBeanTest.jsp 源代码】

```
<%@ page contentType="text/html; charset=utf-8" language="java" errorPage="" %>
<jsp:useBean id="user" class="cn.zmx.UserBean" scope="session"/>
<%//测试代码
out.print("用户名 : "+user.getUsername()+"<br>");
out.print("密码 : "+user.getPassword());
%>
```

运行结果

(1)执行 addUser.jsp,运行结果如图 4-2 所示。

图4-2 scope属性为session【1】

（2）执行 userBeanTest.jsp，由于 addUser.jsp 中修改了用户名和密码，所以 userBeanTest.jsp 中获得的是新的用户名和密码的值，加上两个文件中 useBean 的 id 相同，且 scope 属性都为 session，所以运行结果如图 4-3 所示。

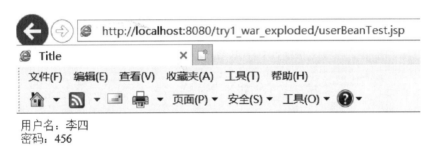

图4-3 scope属性为session【2】

【例4-4】将 bean 的 scope 的值设为 application。

当第一个客户访问 userBeanTest.jsp 这个页面时，显示 bean 的属性用户名和密码为 null，然后把用户名和密码改为"张三"和"123"。当其他客户访问这个网页时，看到的用户名和密码都是改过后的值（"张三"和"123"）。

【userBeanTest.jsp 源代码】

```
<%@ page contentType="text/html; charset=utf-8" language="java" errorPage="" %>
<jsp:useBean id="user" class="cn.zmx.UserBean" scope="application"/>
<%//测试代码
out.print("用户名:"+user.getUsername()+"<br>");
out.print("密码:"+user.getPassword());
user.setUsername("张三");
user.setPassword("123");
%>
```

运行结果

（1）第一次打开页面时显示 width 初始值 0，如图 4-4 所示。

图 4-4　scope 属性为 application【1】

(2)其他客户访问这个页面时,显示的都是修改后的用户名和密码,如图 4-5 所示。

图 4-5　scope 属性为 application【2】

4.3　获取和设置 JavaBean 属性

当我们使用 useBean 动作标签创建一个 bean 后,在 Java 程序片中这个 bean 就可以调用方法产生行为,比如修改属性,使用类中的方法等,如前面的例子所示。

获取或修改 bean 的属性还可以使用动作标签 getProperty、setProperty,下面讲述怎样使用 JSP 的动作标签去获取和设置 bean 的属性。

4.3.1　获取 JavaBean 属性

这里我们使用 getProperty 动作标签。

使用该标签可以获得 bean 的属性值,并将这个值用串的形式显示给客户。使用这个标签之前,必须使用 useBean 标签获取一个 bean。

getProperty 动作标签

```
<jsp:getProperty  name="bean 的名字"  property="bean 的属性" />
或
<jsp:getProperty  name="bean 的名字"  property="bean 的属性" >
</jsp:getProperty>
```

说明：

其中,name 取值是 bean 的名字,用来指定要获取哪个 bean 的属性的值,等于 useBean 动作中的 id 值;property 取值是该 bean 的一个属性的名字。如果 property 属性为 xxx,那么该指令的作用相当于在程序片中使用 bean 调用 getXxx()方法。

注意:这里的 property 属性 xxx 跟 JavaBean 类中的成员变量 xxx 没有任何关系,我们可以将 JavaBean 类中的成员变量 xxx 改成其他变量名,只要有方法 setXxx()和 getXxx()即可。

简单起见,我们在编写 JavaBean 类的过程中通常将成员变量名和属性名写成一样。

【例 4-5】在 userBeanTest.jsp 中通过脚本设置 JavaBean 的属性值,接着通过 getProperty 动作标签来获取 JavaBean 的属性值。

JavaBean 类 UserBean.java 的代码在前面已经给出,这里就不再赘述。

【userBeanTest.jsp 源代码】

```
<%@ page contentType="text/html; charset=utf-8" language="java" errorPage="" %>
<jsp:useBean id="user" class="cn.zmx.UserBean"/>
<%//测试代码
user.setUsername("张三");
%>
用户名:<jsp:getProperty property="username" name="user"/>
```

运行结果

注意,userBeanTest.jsp 中的 getProperty 动作标签的 property 值为 username,这样在执行过程中就会在 JavaBean 中去找 getUsername()方法,而不会去找 username 变量。最后结果还是获取了刚设置的用户名"张三",如图 4-6 所示。

图 4-6　获取 username 属性

以后要记住,所谓的属性实际上指的是 JavaBean 中的 getXxx()方法中的 xxx(而这个 xxx 不一定要跟类中的成员变量名一样)。

4.3.2　设置 JavaBean 属性

这里我们需要用到 setProperty 动作标签。

使用该标签可以设置 bean 的属性值。使用这个标签之前,必须使用 useBean 标签得到一个可操作的 bean。

setProperty 动作标签可以通过 3 种方式设置 bean 属性的值。

1. 将 bean 属性的值设置为一个表达式的值或字符串

这种方式不如后面的两种方式方便,但当涉及属性值是汉字时,使用这种方式更好一些。

(1)设置为一个表达式的值:

```
<jsp:setProperty    name="bean 名字"    property= "bean 的属性"
value= "<%=expression%>" />
```

(2)设置为一个字符串:

```
<jsp:setProperty    name="bean 名字"    property= "bean 的属性"
 value=字符串  />
```

注意:

(1)如果属性设置为表达式的值,那么表达式值的类型必须和 bean 的属性的类型一致。

(2)如果属性设置为字符串,那么这个字符串必须能够被自动转化为 bean 的属性的类型。

在字符串转换为相应数据类型的过程中,可能发生 NumberFormatException 异常。

例如,当试图将字符串“abc”转化为 int 型数据时就发生了 NumberFormatException。

【例 4-6】描述用户注册的 JavaBean(UserBean.java 在前面已经定义过并给出了完整代码),为了验证此 JavaBean 的有效性,这里使用一个 JSP 测试页面(userBeanTest.jsp)进行测试,其中利用 useBean 动作获得一个这样的 bean,有效范围是 page。在 JSP 页面中使用动作标签设置、获取该 bean 的属性。

【userBeanTest.jsp 源代码】

```
<%@ page contentType="text/html; charset=utf-8" language="java" errorPage="" %>
<jsp:useBean id="user" class="cn.zmx.UserBean"/>
<jsp:setProperty property="username" name="user" value="张三"/>
<jsp:setProperty property="password" name="user" value="123"/>
用户名:<jsp:getProperty property="username" name="user"/><br>
密码:<jsp:getProperty property="password" name="user"/>
```

运行结果

执行 userBeanTest.jsp 测试页面,运行结果如图 4-7 所示。

用户名：张三
密码：123

图 4-7　设置并获取各种属性

2.通过表单参数的值来设置bean的相应属性的值

要求表单参数名字必须与 bean 属性的名字(这里的属性指的是 JavaBean 中的 getXxx()的 xxx,并不是成员变量名,千万不要搞错)相同,这样 JSP 引擎才会自动将字符串转换为 bean 属性的类型。

```
<jsp:setProperty name= "bean的名字" property="*"  />
```

这里不用再具体指定 bean 属性的值将对应表单中哪个参数指定的值,系统会自动根据名字进行匹配。

【例4-7】通过表单指定 bean 的属性值。

JavaBean 类同上面的 UserBean.java。用户在注册页面 register.jsp 输入用户名和密码进行提交,addUser.jsp 页面利用 setProperty 动作标签来设置 JavaBean 的属性,通过 getProperty 动作标签进行 JavaBean 属性的显示。

【register.jsp 源代码】

```
<%@ page language="java" contentType="text/html; charset=utf-8"
    pageEncoding="utf-8"%>
<%@ include file="header.jsp"%>
<!-- 用户注册 -->
<!DOCTYPE html PUBLIC "-//W3C//DTD HTML 4.01 Transitional//EN"
"http://www.w3.org/TR/html4/loose.dtd">
<html>
<head>
<meta http-equiv="Content-Type" content="text/html; charset=utf-8">
<title>注册</title>
<style type="text/css">
<!--
.STYLE3 {font-size: 24px}
-->
</style>
</head>
<body>
```

```
<form name="form1" method="post" action="addUser.jsp">
  <table width="279" border="0" align="center" cellpadding="0" cellspacing="1"
bgcolor="#CCCCCC">
    <tr>
      <td colspan="2" align="center">用户注册</td>
    </tr>

    <tr>
      <td width="64" bgcolor="#FFFFFF">用户名:</td>
      <td bgcolor="#FFFFFF"><label>
        <input name="username" type="text" id="username" size="20">
      </label></td>
    </tr>
    <tr>
      <td bgcolor="#FFFFFF">密码:</td>
      <td bgcolor="#FFFFFF"><label>
        <input name="password" type="password" id="password" size="20">
      </label></td>
    </tr>
    <tr>
      <td bgcolor="#FFFFFF"> </td>
      <td bgcolor="#FFFFFF">
<input name="submit" type="submit" value="注册"></td>
    </tr>
  </table>
</form>
<%@ include file="../bottom.jsp"%>
</body>
</html>
```

【addUser.jsp 源代码】

```
<%@ page contentType="text/html; charset=utf-8" language="java" errorPage="" %>
<%@ include file="header.jsp"%>
<html>
<head>
<meta http-equiv="Content-Type" content="text/html; charset=utf-8" />
<title>添加注册</title>
</head>
```

```
<body>
<jsp:useBean id="user" class="cn.zmx.UserBean"/>
<%--因表单中的参数与javabean中的属性名相同,所以这里property="*",
服务器会查看所有的Bean属性和请求参数,如果两者名字相同则自动赋值--%>
请确认注册信息<br>
<hr align="center" width="100%" size="1" noshade>
<%--设置bean属性--%>
<jsp:setProperty name="user" property="*"/>
<%--获取bean属性--%>
用户名:<jsp:getProperty name="user" property="username"/><br>
密码:<jsp:getProperty name="user" property="password"/>
<hr align="center" width="100%" size="1" noshade>
<%
//将user存入session,以便在jsp间传递对象
session.setAttribute("user",user);
%>
<a href="addUser_do.jsp">完成注册</a><br>
<a href="javascript:history.go(-1)">返回</a>
<%@ include file="../bottom.jsp"%>
</body>
</html>
```

运行结果

当在注册页面输入用户名和密码分别为"张三"和"123"时,点击"注册"提交后,运行结果如4-8所示。

图4-8　表单设置各种属性

显示结果正确,这里register.jsp的表单中的各表单元素的顺序是没有关系的。如果有一个表单元素名为xxx,那么JavaBean中必须要有一个setXxx()和getXxx()方法(成员变量名可

以不为 xxx),否则就不能正确设置和获取属性值。

3.通过 param 参数的值来设置 bean 的相应属性的值

这里 param 参数的值和 bean 属性的名字可以不同,但是必须要和表单中各元素属性的 name 值相同,这样 JSP 引擎会自动将表单元素的值赋给 param 参数,最后由 property 的属性名 去查找 bean 中对应的 setter 方法,并将 param 参数的值传递进去。

```
<jsp:setProperty name= "bean 的名字" property="属性名" param="参数名" />
```

【例 4-8】用到的 JavaBean 类同上面的 UserBean.java。

我们将 register.jsp 中的用户名和密码文本输入框的 name 属性值分别改为 username1 和 password1。

【register.jsp 表单部分源代码】

```
<form name="form1" method="post" action="addUser.jsp">
   <table width="279" border="0" align="center" cellpadding="0" cellspacing="1"
bgcolor="#CCCCCC">
     <tr>
       <td colspan="2" align="center">用户注册</td>
     </tr>

     <tr>
       <td width="64" bgcolor="#FFFFFF">用户名:</td>
       <td bgcolor="#FFFFFF"><label>
         <input name="username1" type="text" size="20">
       </label></td>
     </tr>
     <tr>
       <td bgcolor="#FFFFFF">密码:</td>
       <td bgcolor="#FFFFFF"><label>
         <input name="password1" type="password" size="20">
       </label></td>
     </tr>
     <tr>
       <td bgcolor="#FFFFFF"> </td>
       <td bgcolor="#FFFFFF">
<input name="submit" type="submit" value="注册"></td>
     </tr>
   </table>
</form>
```

【addUser.jsp源代码】

```
<%@ page contentType="text/html; charset=utf-8" language="java" errorPage="" %>
<%@ include file="header.jsp"%>
<html>
<head>
<meta http-equiv="Content-Type" content="text/html; charset=utf-8" />
<title>添加注册</title>
</head>
<body>

<jsp:useBean id="user" class="cn.zmx.UserBean"/>
<%--因表单中的参数与javabean中的属性名相同,所以这里property="*",
服务器会查看所有的Bean属性和请求参数,如果两者名字相同则自动赋值--%>
请确认注册信息<br>
<hr align="center" width="100%" size="1" noshade>
<%--设置bean属性--%>
<jsp:setProperty name="user" property="username" param="username1"/>
<jsp:setProperty name="user" property="password" param="password1"/>
<%--获取bean属性--%>
用户名:<jsp:getProperty name="user" property="username"/><br>
密码:<jsp:getProperty name="user" property="password"/>
<hr align="center" width="100%" size="1" noshade>
<%
//将user存入session,以便在jsp间传递对象
session.setAttribute("user",user);
%>
<a href="addUser_do.jsp">完成注册</a><br>
<a href="javascript:history.go(-1)">返回</a>
<%@ include file="../bottom.jsp"%>
</body>
</html>
```

运行结果

在 register.jsp 中,我们可以看到表单元素的 name 名分别为:username1、password1。在 setProperty 动作标签的 param 参数和表单元素的 name 名相同,但 property 的值是跟 JavaBean 中的属性有关。

执行注册页面 register.jsp 并输入用户名和密码分别为"张三"和"123456",最后运行结果如图4-9所示。

图 4-9　param 参数设置各种属性

　　注：另外在 setProperty 动作标签中还有一个 value 属性，该属性是用来设置对应 property 的值，而 param 也是用来设置 property 的值，所以不能在 <jsp:setProperty> 中同时使用 value 和 param。

4.4　JavaBean 应用实例

　　本节给出几个小实例，供读者了解 JavaBean，具体的运行环境请参考第 1 章中关于"图解开发环境"的介绍。

4.4.1　实例 1（编写 JavaBean）

　　本例演示编写一个简单的 bean。
　　【Rectangle.java 源代码】

```java
package cn.zmx;

public class Rectangle {
    private int length=0;
    private int width=0;
    public int getLength() {
        return length;
    }
    public void setLength(int length) {
        this.length = length;
    }
    public int getWidth() {
        return width;
```

```
    }
    public void setWidth(int width) {
        this.width = width;
    }
}
```

4.4.2 实例2(使用JavaBean)

上例中已经新建好了一个JavaBean类Rectangle.java,现在再新建一个JSP页面去调用这个bean,这里我们新建一个index.jsp页面。useBean的scope属性为page。

【index.jsp源代码】

```
<%@ page contentType="text/html;charset=GB2312" %>
<HTML>
<BODY>
<jsp:useBean id="rectangle" class="cn.zmx.Rectangle" scope="page"/>
<%
rectangle.setWidth(4);
rectangle.setLength(5);
%>
宽度:<%=rectangle.getWidth() %><br>
长度:<%=rectangle.getLength() %><br>
面积:<%=rectangle.getArea() %>
</BODY>
</HTML>
```

运行结果

执行index.jsp文件,运行结果如图4-10所示。

图4-10 scope属性为page

其他例子 1：将 scope 属性设置为 session 后，看看运行结果。

新建两个 JSP 文件，分别为 file1.jsp 和 file2.jsp。在 file1.jsp 中先设置长度和宽度，然后取出长度、宽度和面积三个数据，最后再修改长度和宽度；在 file2.jsp 中是直接取出长度、宽度和面积三个数据。发现在 file2.jsp 中取出的数据正好是 file1.jsp 中最后修改后的长度和宽度。

【file1.jsp 源代码】

```
<%@ page contentType="text/html;charset=GB2312" %>
<HTML>
<BODY>
<jsp:useBean id="rectangle" class="cn.zmx.Rectangle" scope="session"/>
<%
rectangle.setWidth(4);
rectangle.setLength(5);
%>
宽度:<%=rectangle.getWidth() %><br>
长度:<%=rectangle.getLength() %><br>
面积:<%=rectangle.getArea() %><br>
<%//修改长度和宽度
rectangle.setWidth(4);
rectangle.setLength(0);
%>
<a href="file2.jsp">file2</a>
</BODY>
</HTML>
```

【file2.jsp 源代码】

```
<%@ page contentType="text/html;charset=GB2312" %>
<HTML>
<BODY>
<jsp:useBean id="rectangle" class="cn.zmx.Rectangle" scope="session"/>
宽度:<%=rectangle.getWidth() %><br>
长度:<%=rectangle.getLength() %><br>
面积:<%=rectangle.getArea() %><br>

</BODY>
</HTML>
```

运行结果

(1)执行file1.jsp,运行结果如图4-11所示。

图4-11 scope属性为session【1】

(2)点击"file2"超级链接,由于file1.jsp中修改了长度和宽度,所以file2.jsp中获得的是新的长度和宽度的值,加上两个文件中useBean的id相同,且scope属性都为session,运行结果如图4-12所示。

图4-12 scope属性为session【2】

其他例子3:将bean的scope的值设为application。

当第一个客户访问这个页面时,显示bean的属性width的初始值0,然后把这个属性的值修改为1。当其它客户访问这个网页时,看到的这个属性的值都是1。

【index.jsp源代码】

```
<%@ page contentType="text/html;charset=GB2312" %>
<HTML>
<BODY>
<jsp:useBean id="rectangle" class="cn.zmx.Rectangle" scope="application"/>
宽度:<%=rectangle.getWidth() %><br>
<%
rectangle.setWidth(1);
```

```
%>
</BODY>
</HTML>
```

运行结果

(1)第一次打开页面时显示 width 初始值 0,如图 4-13 所示。

图 4-13   scope 属性为 application【1】

(2)其他客户访问这个页面时,显示的都是修改后的 width 值 1,如图 4-14 所示。

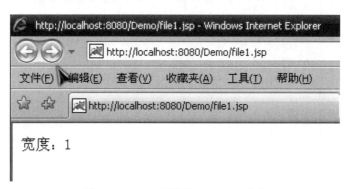

图 4-14   scope 属性为 application【2】

4.4.3   实例 3(获取 JavaBean 属性)

本例通过 getProperty 动作标签来演示 JSP 如何提取 JavaBean 中的属性,为了强调 bean 是根据 getProperty 动作标签的 property 的值 xxx 去调用相应的 getXxx()方法,故这里特意将 JavaBean 类中的成员变量名和 property 的值不一样。

【Rectangle.java 源代码】

```
package cn.zmx;


public class Rectangle {
```

```
private int length=0;
//private int width=0;
private int x=0;          //这里我们用 x 变量替换原来的 width
public int getLength() {
    return length;
}
public void setLength(int length) {
    this.length = length;
}
public int getWidth() {
    //return width;
    return x;          //这里就要做相应的改变
}
public void setWidth(int width) {
//    this.width = width;
    this.x = width; //这里就要做相应的改变
}
public int getArea(){
    return this.getLength()*this.getWidth();
}

}
```

【file1.jsp 源代码】

```
<%@ page contentType="text/html;charset=GB2312" %>
<HTML>
<BODY>
<jsp:useBean id="rectangle" class="cn.zmx.Rectangle" scope="page"/>
<%rectangle.setWidth(1); %>
宽度:
<jsp:getProperty name="rectangle" property="width"/>
</BODY>
</HTML>
```

运行结果

注意，file1.jsp 中的 property 值为 width，这样在执行过程中就会从 JavaBean 中去找 getWidth()方法，而不会去找 width 变量。最后结果还是获取出了刚设置的宽度值 1，如图 4-15 所示。

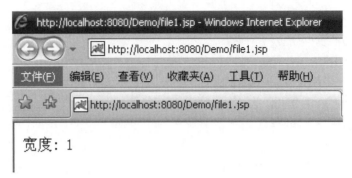

图 4-15　获取 width 属性

以后要记住,所谓的属性实际上指的是 JavaBean 中的 getXxx()方法中的 xxx(而这个 xxx 不一定要跟类中的成员变量名一样)。

4.4.4　实例4(设置 JavaBean 属性)

描述学生的 JavaBean,在一个 JSP 页面中利用 useBean 动作获得一个这样的 bean,有效范围是 page。在 JSP 页面中使用动作标签设置、获取该 bean 的属性。

假设学生属性有:姓名、年龄、性别、籍贯。那么新建的一个 JavaBean 类就有四个成员变量。

【Student.java 源代码】

```java
package cn.zmx;

public class Student {
    private String name;
    private int age;
    private boolean sex;//true表示男,false表示女
    private String birthplace;

    public String getName() {
        return name;
    }

    public void setName(String name) {
        this.name = name;
    }

    public int getAge() {
        return age;
    }
```

```java
    public void setAge(int age) {
        this.age = age;
    }

    public boolean isSex() {
        return sex;
    }

    public void setSex(boolean sex) {
        this.sex = sex;
    }

    public String getBirthplace() {
        return birthplace;
    }

    public void setBirthplace(String birthplace) {
        this.birthplace = birthplace;
    }

}
```

【file1.jsp 源代码】

```jsp
<%@ page contentType="text/html;charset=GB2312" %>
<HTML>
<BODY>
<jsp:useBean id="stu" class="cn.zmx.Student" scope="page"/>

<jsp:setProperty name="stu" property="name" value="张三"/>
姓名:
<jsp:getProperty name="stu" property="name"/><br>

<jsp:setProperty name="stu" property="age" value="<%=20+1 %>"/>
年龄:
<jsp:getProperty name="stu" property="age"/><br>

<jsp:setProperty name="stu" property="sex" value="true"/>
性别:
```

```
<jsp:getProperty name="stu" property="sex"/><br>

<jsp:setProperty name="stu" property="birthplace" value="浙江杭州"/>
出生地:
<jsp:getProperty name="stu" property="birthplace"/><br>

</BODY>
</HTML>
```

运行结果

执行 file1.jsp, 运行结果如图 4-16 所示。

图 4-16   设置并获取各种属性

其他例子 1: 通过表单指定 bean 的属性值。

JavaBean 类同上面的 Student.java。

【file1.jsp 源代码】

```
<%@ page contentType="text/html;charset=GB2312" %>
<HTML>
<BODY>
<FORM action="" Method="post" >
姓名:
<Input type=text name="name"><br>
籍贯:
<Input type=text name="birthplace"><br>
年龄:
 <Input type=text name="age"><br>
性别:
 <Input type=text name="sex"><br>
```

```
<Input type=submit value="提交">
</FORM>
<hr color="red" size="1" width="100%">

<jsp:useBean id="stu" class="cn.zmx.Student" scope="page" />
<jsp:setProperty   name= "stu"   property="*"   /><br>
姓名:
<jsp:getProperty   name= "stu"   property="name"   /><br>
年龄:
<jsp:getProperty   name= "stu"   property="age"   /><br>
性别:
<jsp:getProperty   name= "stu"   property="sex"   /><br>
籍贯:
<jsp:getProperty   name= "stu"   property="birthplace"   /><br>
</BODY>
</HTML>
```

运行结果

当输入姓名、籍贯、年龄和性别分别为"nico""hangzhou""20""true"时,运行结果如4-17所示。

图 4-17 表单设置各种属性【2】

显示结果正确,这里 file1.jsp 的表单中的各表单元素的顺序是没有关系的。如果有一个表单元素名为 xxx,那么 JavaBean 中必须要有一个 setXxx()和 getXxx()方法(成员变量名可以不为 xxx),否则就不能正确设置和获取属性值。

其他例子 2：通过 param 参数设置 JavaBean 属性。

用到的 JavaBean 类同上面的 Student.java。

【file1.jsp 源代码】

```
<%@ page contentType="text/html;charset=GB2312" %>
<HTML>
<BODY>
<FORM action="" Method="post" >
姓名:
<Input type=text name="name1"><br>
籍贯:
<Input type=text name="birthplace1"><br>
年龄:
 <Input type=text name="age1"><br>
性别:
 <Input type=text name="sex1"><br>


<Input type=submit value="提交">
</FORM>
<hr color="red" size="1" width="100%">
<jsp:useBean id="stu" class="cn.zmx.Student" scope="page" />
姓名:
<jsp:setProperty  name= "stu"  property="name"  param="name1"/>
<jsp:getProperty  name= "stu"  property="name"  /><br>
年龄:
<jsp:setProperty  name= "stu"  property="age"  param="age1"/>
<jsp:getProperty  name= "stu"  property="age"  /><br>
性别:
<jsp:setProperty  name= "stu"  property="sex"  param="sex1"/>
<jsp:getProperty  name= "stu"  property="sex"  /><br>
籍贯:
<jsp:setProperty  name= "stu"  property="birthplace"  param="birthplace1"/>
<jsp:getProperty  name= "stu"  property="birthplace"  /><br>
</BODY>
</HTML>
```

运行结果

在 file1.jsp 中，我们可以看到表单元素的 name 名分别为：name1、birthplace1、age1 和
sex1。在 setProperty 动作标签的 param 参数和表单元素的 name 名相同，但 property 的值是跟
JavaBean 中的属性有关。

执行 file1.jsp 后,运行结果如图 4-18 所示。

图 4-18 param 参数设置各种属性

注:另外在 setProperty 动作标签中还有一个 value 属性,该属性是用来设置对应 property 的值,而 param 也是用来设置 property 的值,所以不能在 <jsp:setProperty> 中同时使用 value 和 param。

4.4.5 实例 5(简单计算器)

打开 IDEA,创建一个 Web 应用,名为 Demo。依次点击菜单"File→New→Project",如图 4-19 所示,点击"Next"后,在如图 4-20 所示的界面输入工程名为 Demo,点击 Finish。

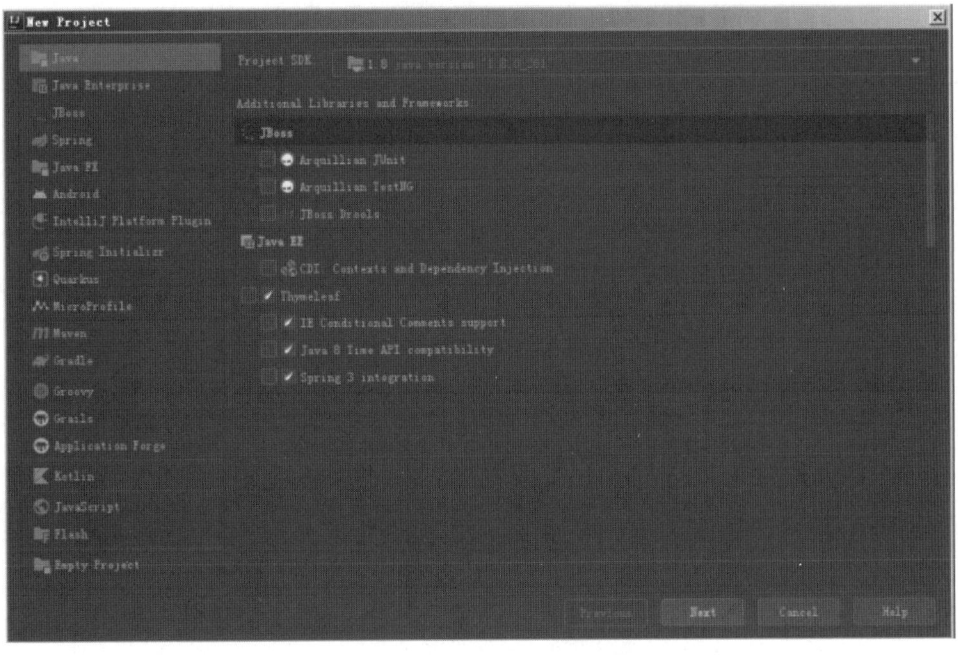

图 4-19 创建 WEB 工程【1】

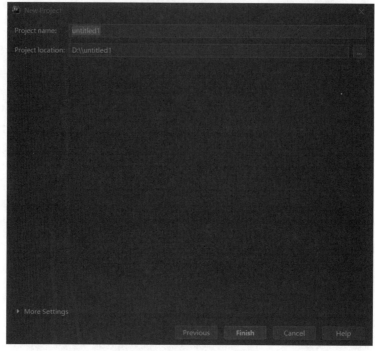

图 4-20　创建 WEB 工程【2】

在工程中新建一个 class 文件，名为 CalculateBean.java，并放在包 cn.zmx 中，注意这里的
"Source folder"不要去修改，如图 4-21 所示。

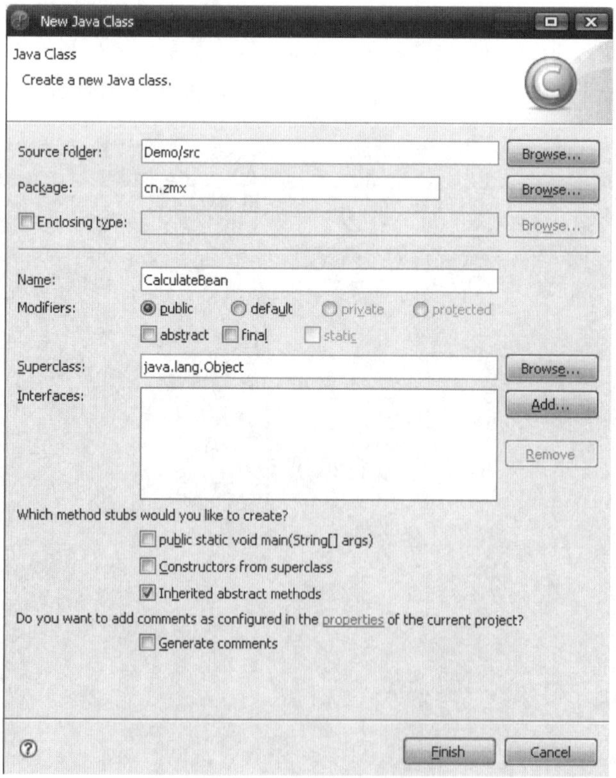

图 4-21　新建 class 文件

【CalculateBean.java源代码】

```java
package cn.zmx;

public class CalculateBean {

    private int operandFirst;//操作数 1
    private char operator;//运算符
    private int operandSecond;//操作数 2
    private double result;//运算结果

public void calculate(){
    double temp;
    switch(operator){
        case '+':
            temp = getOperandFirst() + getOperandSecond();
            break;
        case '-':
            temp = getOperandFirst() - getOperandSecond();
            break;
        case 'x':
            temp = getOperandFirst() * getOperandSecond();
            break;
        case '/':
            temp = (1.0 * getOperandFirst()) / (1.0 * getOperandSecond());
            break;
        default:
            temp = 0;
    }

    setResult(temp);
}
public int getOperandFirst(){
    return this.operandFirst;
}

public int getOperandSecond(){
    return this.operandSecond;
}
public char getOperator(){
```

```
        return operator;
    }

    public double getResult(){
        return this.result;
    }
    public void setOperandFirst(int op){
        this.operandFirst = op;
    }

    public void setOperandSecond(int op){
        this.operandSecond = op;
    }
    public void setOperator(char operator){
        this.operator = operator;
    }

    public void setResult(double result){
        this.result = result;
    }

}
```

接著在工程中新建一个 JSP 页面,名为 Calculate.jsp,如图 4-22 所示。

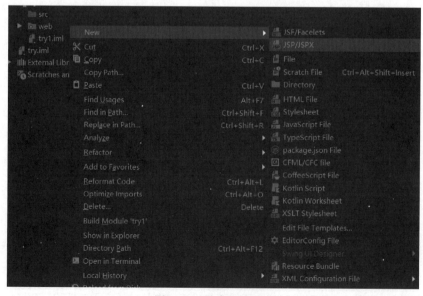

图 4-22 新建 JSP 页面

【Calculate.jsp 源代码】

```
<%@ page contentType="text/html; charset=gb2312" language="java" %>
<html>
<head>
<meta http-equiv="Content-Type" content="text/html;charset=gb2312">
</head>
<body>
<form method="post" action="Calculate.jsp">
    第一个操作数:
    <input type="text" name="operandFirst" />
    运算符:
    <select name = "operator" >
        <option value="+">+</option>
        <option value="-">-</option>
        <option value="x">x</option>
        <option value="/">/</option>
    </select>
    第二个操作数:
    <input type="text" name="operandSecond" />
    <input type="submit" value="提交"/>
</form>
<%try{ %>

<jsp:useBean id="calcu" class="cn.zmx.CalculateBean" scope="request"/>
<jsp:setProperty name="calcu" property="*"/>
<%      calcu.calculate(); %>
<jsp:getProperty name="calcu" property="operandFirst"/>
<jsp:getProperty name="calcu" property="operator"/>
<jsp:getProperty name="calcu" property="operandSecond"/>
=
<jsp:getProperty name="calcu" property="result"/>
<%}
catch(Exception e){
out.print("有例外发生! ");
}
%>
</body>
</html>
```

下面进行运行,首先启动TOMCAT,在地址栏里输入:

http://localhost:8080/Demo/Calculate.jsp

运行结果

(1)当输入第一个操作数为3,第二个操作数为4,运算符为+时,运算结果如图4-23所示。

图4-23　运算结果【1】

(2)当输入第一个操作数为a,第二个操作数为1,运算符为任意一个,由于程序中有例外处理,所以打印"有例外发生!"的信息,如图4-24所示。

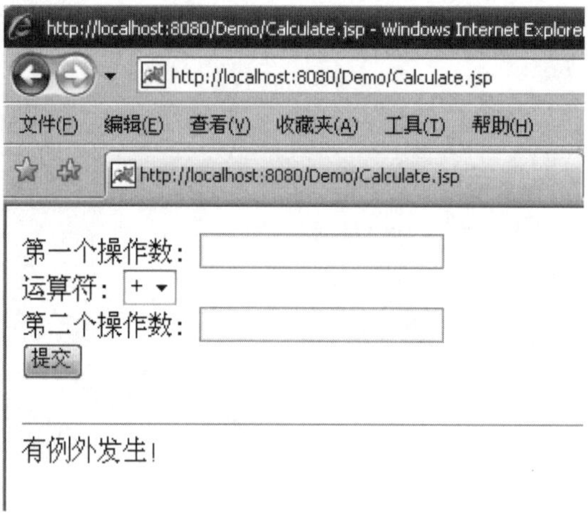

图4-24　运算结果【2】

至此,一个简单计算器的例子就演示完毕,通过该例子,相信读者已掌握JavaBean的编写以及如何在JSP中访问JavaBean了。

4.4.6　实例6(彩色验证码)

本例演示用JavaBean实现一个彩色验证码,并用JSP调用JavaBean实现彩色验证码的实际应用。

关于工程的新建、类以及 JSP 文件的新建方法这里不再赘述,详情请参考本书上面的例子。

首先新建 Web 工程 Demo,新建一个 JavaBean,名为 Image.java,放在包 cn.zmx 下。新建三个 JSP 文件,分别为 index.jsp、image.jsp 和 check.jsp。其中 index.jsp 是首页,image.jsp 是用来调用 JavaBean 进行图片显示,而 check.jsp 是用来在 index.jsp 输入验证码后进行验证的,如果输入验证码和由 JavaBean 随机产生的验证码一致,那么显示"验证码输入正确",否则显示"验证码输入错误"。

【Image.java 源代码】

```java
package cn.zmx;
import java.awt.Color;
import java.awt.Font;
import java.awt.Graphics;
import java.awt.image.BufferedImage;
import java.io.IOException;
import java.io.OutputStream;
import java.util.Random;
import javax.imageio.ImageIO;
public class Image {
    //验证码图片中可以出现的字符集,可根据需要修改
    private char mapTable[]={
        'a','b','c','d','e','f',
        'g','h','i','j','k','l',
        'm','n','o','p','q','r',
        's','t','u','v','w','x',
        'y','z','0','1','2','3',
        '4','5','6','7','8','9'};
    /**
    * 功能:生成彩色验证码图片
    * 参数 width 为生成图片的宽度,参数 height 为生成图片的高度,参数 os 为页面的输出流
    */
public String getCertPic(int width,int height,OutputStream os)
{
    if(width<=0)width=60;
    if(height<=0)height=20;
    BufferedImage image = new BufferedImage(width, height,
        BufferedImage.TYPE_INT_RGB);
    // 获取图形上下文
    Graphics g = image.getGraphics();
```

```
// 设定背景色
g.setColor(new Color(0xDCDCDC));
g.fillRect(0, 0, width, height);
//画边框
g.setColor(Color.black);
g.drawRect(0,0,width-1,height-1);
// 取随机产生的认证码
String strEnsure = "";
// 4代表4位验证码,如果要生成更多位的认证码,则加大数值
for(int i=0; i<4; ++i) {
strEnsure+=mapTable[(int)(mapTable.length*Math.random())];
}
//     将认证码显示到图像中,如果要生成更多位的认证码,增加 drawString 语句
g.setColor(Color.black);
g.setFont(new Font("Atlantic Inline",Font.PLAIN,18));
String str = strEnsure.substring(0,1);
g.drawString(str,8,17);
str = strEnsure.substring(1,2);
g.drawString(str,20,15);
str = strEnsure.substring(2,3);
g.drawString(str,35,18);
str = strEnsure.substring(3,4);
g.drawString(str,45,15);
// 随机产生10个干扰点
Random rand = new Random();
for (int i=0;i<10;i++) {
 int x = rand.nextInt(width);
 int y = rand.nextInt(height);
 g.drawOval(x,y,1,1);
}
// 释放图形上下文
g.dispose();
try {
 // 输出图像到页面
 ImageIO.write(image, "JPEG", os);
} catch (IOException e) {
 return "";
}
return strEnsure;
```

```
    }
}
```

【image.jsp 源代码】

```
<%@page contentType="image/jpeg" pageEncoding="gb2312"%>
    <jsp:useBean id="image" scope="session" class="cn.zmx.Image" />
    <%
 String str=image.getCertPic(0,0,response.getOutputStream());
    // 将认证码存入SESSION
session.setAttribute("certCode", str);
%>
```

【index.jsp 源代码】

```
<%@ page contentType="text/html;charset=GB2312"%>
<html>
    <head>
        <title>登录页面</title>
    </head>
    <body>
        <form action="check.jsp" method="post">
            用户名：
            <input type="text" name="username" /><br>
            密  码：
            <input type="password" name="password" /><br>
            验证码：
            <input type="text" name="certCode" />
            <img src="image.jsp"><br>
            <input type="submit" value="确定" />
        </form>
    </body>
</html>
```

【check.jsp 源代码】

```
<%@ page pageEncoding="gb2312" %>
<%
String certCode=request.getParameter("certCode");
```

```
if(certCode.equals((String)session.getAttribute("certCode")))
    out.print("验证码输入正确");
else
    out.print("验证码输入错误");
%>
```

运行结果

（1）当输入验证码和随机产生验证码不一致时，如图4-25和图4-26所示。

图 4-25　彩色验证码【1】　　　　　　　　　　图 4-26　彩色验证码【2】

（2）当输入验证码和随机产生验证码一致时，如图4-27和图4-28所示。

图 4-27　彩色验证码【3】　　　　　　　　　　图 4-28　彩色验证码【4】

至此，一个用JavaBean实现的彩色验证码的例子就掩饰完毕，读者可进一步将其改进，使其适合你的实际应用，如可以将产生的验证码长度变成6位、显示也可以包括#$等。

4.4.7　实例7（文本的读写）

本实例主要演示如何将文本文件的操作用JavaBean封装起来，并在JSP中调用。

新建Web工程名为Demo，一个JavaBean类名为OperateFile.java。新建一个JSP页面，名为index.jsp，具体创建Web工程以及文件的创建方法请参考本书上面的例子，这里不再赘述。

【OperateFile.java 源代码】

```java
package cn.zmx;
import java.io.*;
public class OperateFile
{
    public BufferedReader bufread;
    public BufferedWriter bufwriter;
    File writefile;
    String filepath,filecontent,read;
    String readStr="";

    public String readfile(String path)    //从文本文件中读取内容
    {
     try
     {
     filepath=path;                          //得到文本文件的路径
     File file=new File(filepath);
     FileReader fileread=new FileReader(file);
     bufread=new BufferedReader(fileread);
     while((read=bufread.readLine())!=null)
     {
        readStr=readStr+read;
     }
     }catch(Exception d){System.out.println(d.getMessage());}
     return readStr;       //返回从文本文件中读取内容
    }
                         //向文本文件中写入内容
public void writefile(String path,String content,boolean append)
    {
     try
     {
     boolean addStr=append; //通过这个对象来判断是否向文本文件中追加内容
     filepath=path;          //得到文本文件的路径
     filecontent=content; //需要写入的内容
     writefile=new File(filepath);
     if(writefile.exists()==false)      //如果文本文件不存在则创建它
     {
         writefile.createNewFile();
```

```
            writefile=new File(filepath);    //重新实例化
        }
        FileWriter filewriter=new FileWriter(writefile,addStr);
        bufwriter=new BufferedWriter(filewriter);
        filewriter.write(filecontent);
        filewriter.flush();
     }catch(Exception d){System.out.println(d.getMessage());}
    }
}
```

【index.jsp源代码】

```
<%@ page contentType="text/html;charset=GB2312" %>
<html>
<head></head>
<body>
<jsp:useBean id="file" class="cn.zmx.OperateFile" scope="page"/>
<%
  String path=pageContext.getServletContext().getRealPath("/");
//取得当前运行的 WEB 站点的绝对路径,如 E:\Tomcat-8.5.51\webapps\Demo\
file.writefile(path+"test.txt","123456789",false);
                //方法参数("路径","内容",true/false)--->是否追加
  String string=file.readfile(path+"test.txt");
                //方法:返回字符串 参数("路径")
  out.println(string);    //将读到的内容输出
%>


</body>
</html>
```

启动 TOMCAT,输入 http://localhost:8080/Demo/index.jsp。

运行结果

(1)执行 index.jsp 后,会自动在 Web 站点目录(本例是 E:\Tomcat-8.5.51\webapps\Demo\) 下创建一个名为 test.txt 的文件,如图 4-29 所示。JSP 通过调用 JavaBean 读出文本文件内容 进行显示,如图 4-30 所示。

图4-29 生成的文本文件

图4-30 JSP读出文本内容

说明:在本例中有取得绝对路径的代码:

String path=pageContext.getServletContext().getRealPath("/");

上面一行代码是取得当前站点的根目录的绝对路径,因为关于文件操作中的路径必须要绝对路径,实际上,在JSP编程当中关于路径的问题很容易出错,请读者在使用的时候要注意。

4.5 本章小结

本章向读者介绍JavaBean技术在JSP程序开发中的应用,包括JavaBean的属性和JavaBean的Scope属性。不过在JavaBean的应用中,最常用的还是封装数据库操作,这些内容将在本书的后半部分会介绍。本章的知识十分重要,如果读者能够掌握它,并能够恰当地在JSP编程中使用它来封装一些复杂关键的操作,那么你就会发现JSP程序原来可以这样简单,但是功能又是这样强大。

4.6 习 题

1.填空题

（1）根据 Sun 公司的定义,(　　　　)是一个可重复使用的软件组件。实际上它是一种 Java 类,通过封装属性和方法成为具有某种功能或者处理某个业务的对象,简称(　　　　)。

（2）Javabean 分为(　　　　)组件和(　　　　)组件。

（3）jsp:useBean 标签里的 scope 属性取值有 4 种:(　　　)、(　　　)、(　　　)、(　　　)。

2.简答题

（1）简述 JavaBean 的特点。

（2）为了能让 JSP 引擎知道这个 bean 的属性和方法,需要在类的方法命名上遵守哪些规则?

（3）简述 scope 的 4 种取值及其使用特点。

（4）简述利用 setProperty 动作标签设置 bean 属性值的 3 种方式。

3.实践题

（1）编写一个 JavaBean 学生类(Student.java),属性有姓名(String name)、性别(boolean sex)和年龄(int age)。

（2）利用编写好的 JavaBean 类,结合 setProperty 动作标签修改属性的值,最后利用 getProperty 动作标签获取属性值,并显示。

第 5 章

Servlet 技术

通过上一章的学习我们了解了 JavaBean,本章我们来学习 Servlet。JSP 可以做的任何事情,Servlet 都可以完成。但 JSP 和 Servlet 具有不同的特点,应用的场合也不同,所以在使用的时候,可以根据需要进行选择。

本章需重点掌握的内容有:

·什么是 Servlet
·Servlet 编译、部署及运行
·Servlet 的生命周期
·会话、过滤器、监听器
·请求分派与重定向区别

5.1 Servlet 简介

5.1.1 什么是 Servlet

Servlet 是一种服务器端的 Java 应用程序,具有独立于平台和协议的特性,可以生成动态的 Web 页面。它担当客户请求(Web 浏览器或其他 HTTP 客户程序)与服务器响应(HTTP 服务器上的数据库或应用程序)的中间层。

Servlet 是位于 Web 服务器内部的服务器端的 Java 应用程序,与传统的从命令行启动的 Java 应用程序不同,Servlet 由 Web 服务器进行加载,该 Web 服务器必须包含支持 Servlet 的 Java 虚拟机。

Servlet 具有以下几个特点:

1.方便

Servlet 提供了大量的实用工具例程,例如自动地解析和解码 HTML 表单数据、读取和设置 HTTP 头、处理 Cookie、跟踪会话状态等。

2.功能强大

在 Servlet 中,许多使用传统 CGI 程序很难完成的任务都可以轻松地被完成。例如,

Servlet能够直接和Web服务器交互,而普通的CGI程序不能。Servlet还能够在各个程序之间共享数据,使得数据库连接池之类的功能很容易实现。

3.可移植性好

Servlet用Java编写,Servlet API具有完善的标准。几乎所有的主流服务器都直接或间接地支持Servlet。

4.节省投资

不仅有许多廉价甚至免费的Web服务器可供个人或小规模网站使用,而且对于现有的服务器,如果它不支持Servlet的话,要加上这部分功能也往往是免费的(或只需要极少的投资)。

5.1.2 Servlet基本结构

下面的代码显示了一个简单Servlet的基本结构。该Servlet处理的是GET请求,所谓的GET请求,如果你不熟悉HTTP,可以把它看成是当用户在浏览器地址栏输入URL、点击Web页面中的链接、提交没有指定METHOD的表单时浏览器所发出的请求。Servlet也可以很方便地处理POST请求。POST请求是提交那些指定了METHOD="POST"的表单时所发出的请求。

```
import java.io.*;
import javax.servlet.*;
import javax.servlet.http.*;
public class Sample extends HttpServlet {
public void doGet(HttpServletRequest request,
HttpServletResponse response)
throws ServletException, IOException {
// 使用"request"读取和请求有关的信息(比如Cookies)
// 和表单数据 // 使用"response"指定HTTP应答状态代码和应答头
// (比如指定内容类型,设置Cookie)
PrintWriter out = response.getWriter();
// 使用 "out"把应答内容发送到浏览器
  }
}
```

如果某个类要成为Servlet,则它应该从HttpServlet继承,根据数据是通过GET还是POST发送,覆盖doGet、doPost方法之一或全部。doGet和doPost方法都有两个参数,分别为HttpServletRequest类型和HttpServletResponse类型。

HttpServletRequest提供访问有关请求的信息的方法,例如表单数据、HTTP请求头等。HttpServletResponse除了提供用于指定HTTP应答状态(200,404等)、应答头(Content-Type、Set-Cookie等)的方法之外,最重要的是它提供了一个用于向客户端发送数据的PrintWriter。对于简单的Servlet来说,它的大部分工作是通过println语句生成向客户端发送的页面。

注意 doGet 和 doPost 抛出两个异常,因此你必须在声明中包含它们。另外,还必须导入 java.io 包(要用到 PrintWriter 等类)、javax.servlet 包(要用到 HttpServlet 等类)以及 javax.servlet. http 包(要用到 HttpServletRequest 类和 HttpServletResponse 类)。

最后,doGet 和 doPost 这两个方法是由 service 方法调用的。所以,如果直接覆盖 service 方法的话,那么不管是 GET 还是 POST 发送,都不用去关心,如下面代码所示。

```java
package cn.zmx;
import java.io.IOException;

import javax.servlet.ServletException;
import javax.servlet.http.HttpServlet;
import javax.servlet.http.HttpServletRequest;
import javax.servlet.http.HttpServletResponse;

public class Sample extends HttpServlet {
    @Override
    protected void service(HttpServletRequest req, HttpServletResponse resp)
            throws ServletException, IOException {
        //通过 req 接收请求参数,通过 resp 响应,这里完成全部操作

    }
}
```

5.1.3 Servlet 的映射

除此之外,我们还需要有一个部署描述文件 web.xml,需要在里面正确配置 Servlet,通过这样就可以将 URL 映射到 Servlet,否则 Servlet 就不能正常运行。

用于 URL 映射的两个部署描述文件元素如下:

1.\<servlet>

把内部名映射到完全限定类名。

2.\<servlet-mapping>

把内部名映射到公共 URL 名。

下面是 web.xml 中关于用户处理的 Servlet 类 UserServlet.java 的配置代码。

```xml
<?xml version="1.0" encoding="UTF-8"?>
<web-app version="2.4"
    xmlns="http://java.sun.com/xml/ns/j2ee"
    xmlns:xsi="http://www.w3.org/2001/XMLSchema-instance"
    xsi:schemaLocation="http://java.sun.com/xml/ns/j2ee
    http://java.sun.com/xml/ns/j2ee/web-app_2_4.xsd">
```

```
    <servlet>
        <servlet-name>UserServlet</servlet-name>
        <servlet-class>cn.zmx.UserServlet</servlet-class>
    </servlet>
    <servlet-mapping>
        <servlet-name>UserServlet</servlet-name>
        <url-pattern>*.user</url-pattern>
    </servlet-mapping>
</web-app>
```

说明：

<servlet-name>元素用于把一个<servlet>元素与一个特定的<servlet-mapping>元素绑定。最终用户绝对看不到这个路径，这个名字只在这个部署描述文件里使用。

<servlet-class>元素里放上类的完全限定名（但不要加.class扩展名）。

对于<servlet-mapping>元素，我们可以这样来理解，请求到来时，容器会在运行时使用这个元素，来回答一个问题"对于请求的这个 URL，我应该调用哪个 Servlet?"。

当然，部署描述文件 web.xml 除了可以配置 Servlet 映射之外，还可以配置初始化参数等信息。

5.1.4　Servlet 生命周期

Servlet 运行在 Servlet 容器中，其生命周期由容器来管理。Servlet 的生命周期通过 javax. servlet.Servlet 接口中的 init()、service()和 destroy()方法来表示。

Servlet 的生命周期可以分为如下四个阶段：

1.加载和实例化

Servlet 容器负责加载和实例化 Servlet。

当 Servlet 容器启动时，或者在容器检测到需要这个 Servlet 来响应第一个请求时，创建 Servlet 实例。当 Servlet 容器启动后，它必须要知道所需的 Servlet 类在什么位置，Servlet 容器可以从本地文件系统、远程文件系统或者其他的网络服务中通过类加载器加载 Servlet 类，成功加载后，容器创建 Servlet 的实例。

因为容器是通过 Java 的反射 API 来创建 Servlet 实例，调用的是 Servlet 的默认构造方法（即不带参数的构造方法），所以我们在编写 Servlet 类的时候，不应该提供带参数的构造方法。

2.初始化

在 Servlet 实例化之后，容器将调用 Servlet 的 init()方法初始化这个对象。初始化的目的是让 Servlet 对象在处理客户端请求前完成一些初始化的工作，如建立数据库的连接，获取配置信息等。

对于每一个 Servlet 实例，init()方法只被调用一次。在初始化期间，Servlet 实例可以使用容器为它准备的 ServletConfig 对象从 Web 应用程序的配置信息（在 web.xml 中配置）中获取初始化的参数信息。

在初始化期间,如果发生错误,Servlet实例可以抛出ServletException异常或者UnavailableException异常来通知容器。ServletException异常用于指明一般的初始化失败,例如没有找到初始化参数;而UnavailableException异常用于通知容器该Servlet实例不可用。例如,数据库服务器没有启动,数据库连接无法建立,Servlet就可以抛出UnavailableException异常向容器指出它暂时或永久不可用。

3.请求处理

Servlet容器调用Servlet的service()方法对请求进行处理。要注意的是,在service()方法调用之前,init()方法必须成功执行。

在service()方法中,Servlet实例通过ServletRequest对象得到客户端的相关信息和请求信息,在对请求进行处理后,调用ServletResponse对象的方法设置响应信息。

在service()方法执行期间,如果发生错误,Servlet实例可以抛出ServletException异常或者UnavailableException异常。如果UnavailableException异常指示了该实例永久不可用,Servlet容器将调用实例的destroy()方法,释放该实例。此后对该实例的任何请求,都将收到容器发送的HTTP 404(请求的资源不可用)响应。如果UnavailableException异常指示了该实例暂时不可用,那么在暂时不可用的时间段内,对该实例的任何请求,都将收到容器发送的HTTP 503(服务器暂时忙,不能处理请求)响应。

4.服务终止

当容器检测到一个Servlet实例应该从服务中被移除的时候,容器就会调用实例的destroy()方法,以便让该实例可以释放它所使用的资源,保存数据到持久存储设备中。

当需要释放内存或者容器关闭时,容器就会调用Servlet实例的destroy()方法。在destroy()方法调用之后,容器会释放这个Servlet实例,该实例随后会被Java的垃圾收集器所回收。如果再次需要这个Servlet处理请求,Servlet容器会创建一个新的Servlet实例。

在整个Servlet的生命周期过程中,创建Servlet实例、调用实例的init()和destroy()方法都只进行一次,当初始化完成后,Servlet容器会将该实例保存在内存中,通过调用它的service()方法,为接收到的请求服务。

5.2　初始化参数

在本系统中有一个文件下载模块,其中涉及一个文件存储路径的问题,如果我们将路径直接写到程序里面,那么以后如果文件存储位置改变的话我们就需要再修改程序并重新编译,鉴于此,我们希望能够在部署描述文件里配置文件存储路径filePath,而不想将它硬编码到Servlet类中。这时我们就需要用到初始化参数。有了初始化参数后,我们就可以随时修改一些信息,而不用修改程序代码。

5.2.1　Servlet初始化参数

如果用户提交表单后以Get方式发出请求,那么可以在Servlet类中写一个doGet方法,同时用户还可以将表单参数传递给 Servlet 类，那么在 doGet 方法中就可以用 request. getParameter()方法来接收表单参数。不过 Servlet 还可以有初始化参数。

下面是在 web.xml 中配置处理文件下载的 servlet 类 FileDownServlet.java，同时也配置了一个 servlet 初始化参数，参数名为"filePath"，参数值为"e:\web\upload\"。

```xml
<servlet>
    <init-param>
        <param-name>filePath</param-name>
        <param-value>e:\web\upload\</param-value>
    </init-param>
    <servlet-name>FileDownServlet</servlet-name>
    <servlet-class>cn.zmx.FileDownServlet</servlet-class>
</servlet>
```

在 Servlet 代码中，通过如下方法获取这个参数：

```java
out.println(this.getServletConfig().getInitParameter("filePath"));
```

从 web.xml 中我们可以看出，初始化参数是放在<servlet>标记中，所以在 Servlet 初始化之前是不能使用 Servlet 初始化参数的。

执行过程如下：

容器初始化一个 servlet 时，会为每个 servlet 创建一个唯一的 ServletConfig，容器从 web. xml 中"读出"servlet 初始化参数，并把这些参数交给 ServletConfig，然后把 ServletConfig 传递给 servlet 的 init()方法。

在这个过程中，servlet 初始化参数只能读一次，就是在容器初始化 servlet 的时候。一旦参数放在 ServletConfig 中，就不会再读了。所以我们修改了参数值后必须重新启动 Tomcat。

5.2.2 实例：测试 Servlet 初始化参数

下面我们来测试一下 ServletConfig，ServletConfig 的主要任务是提供初始化参数。

【FileDownServlet.java 等源代码】

```xml
<?xml version="1.0" encoding="UTF-8"?>
<web-app>
    <!-- servlet 配置 -->
    <servlet>
        <init-param>
            <param-name>filePath</param-name>
            <param-value>e:\web\upload\</param-value>
        </init-param>
```

```xml
            <servlet-name>FileDownServlet</servlet-name>
            <servlet-class>cn.zmx.FileDownServlet</servlet-class>
    </servlet>
    <servlet-mapping>
            <servlet-name>FileDownServlet</servlet-name>
            <url-pattern>*.file</url-pattern>
    </servlet-mapping>

</web-app>
```

FileDownServlet.java

```java
package cn.zmx;

import java.io.BufferedInputStream;
import java.io.File;
import java.io.FileInputStream;
import java.io.IOException;
import java.io.InputStream;
import java.io.OutputStream;

import javax.servlet.ServletException;
import javax.servlet.http.HttpServlet;
import javax.servlet.http.HttpServletRequest;
import javax.servlet.http.HttpServletResponse;

public class FileDownServlet extends HttpServlet {

    @Override
    protected void doGet(HttpServletRequest request,
            HttpServletResponse response) throws ServletException, IOException {
        String filepath = this.getInitParameter("filePath");
        debug("读取 servlet 初始化参数获得文件存储位置："+filepath);
        //String filename = request.getParameter("filename");
        //String fullpath = filepath + filename;
        //debug(fullpath);
        // 动态下载附件,通过动态响应 contentType 属性实现资源下载
        //downFile(response, filename, fullpath);
```

```
    }

    public void debug(String s) {
        System.out.println(s);
    }
}
```

这里,不再详细介绍编写、编译、部署以及运行方法了。不清楚的读者,请参考上节中的详细介绍。

那么,JSP 能不能得到 Servlet 初始化参数呢?

如果我们另外新建一个 index.jsp 去测试一下,会发现并不能获取到 Servlet 初始化参数,运行的结果是 null,读者可自行去验证一下。

【index.jsp 源代码】

```
<%@ page language="java"　pageEncoding="UTF-8"%>
<html>
  <head>
    <title>Init param</title>
  </head>
  <body>
    <%=pageContext.getServletConfig().getInitParameter("email")
    %>
  </body>
</html>
```

为什么 JSP 不能读出 web.xml 中特定<servlet>标记中的初始化参数? 这是因为特定<servlet>标记中的初始化参数只为该 Servlet 可用。而 JSP 在运行过程中会变成类 Servlet,所以也有其自己的 ServletConfig。既然是不同的 ServletConfig,所以自然不能"读"出初始化参数。

那么,如何解决呢? 如果能有一个更全局的东西就好了,这样所有 Servlet,甚至 JSP 都能访问到这些参数,这就是下面要讲的 ServletContext 初始化参数。

5.2.3　ServletContext 初始化参数

上下文初始化参数与 Servlet 初始化参数很类似,只不过上下文初始化参数对整个 Web应用而不是只对一个 Servlet 可用。这说明应用中的所有 Servlet 和 JSP 都能自动地访问上下文初始化参数。不用费心为每个 Servlet 配置,如果想要修改,也只需修改一个地方即可。

【web.xml 配置代码】

```
<?xml version="1.0" encoding="UTF-8"?>
<web-app>
    <!-- 上下文初始化参数配置 -->
    <context-param>
        <param-name>email</param-name>
        <param-value>gjxy@hdu.edu.cn</param-value>
    </context-param>
    <servlet>
        <servlet-name>UserServlet</servlet-name>
        <servlet-class>cn.zmx.UserServlet</servlet-class>
    </servlet>
    <servlet-mapping>
        <servlet-name>UserServlet</servlet-name>
        <url-pattern>*.user</url-pattern>
    </servlet-mapping>
</web-app>
```

在 servlet 代码中,通过如下方法获取这个参数:

```
out.println(this.getServletContext().getInitParameter("email"));
```

在 JSP 代码中,通过如下方法获取这个参数:

```
<%=pageContext.getServletContext().getInitParameter("email") %>
```

从 web.xml 代码中可以看出,<context-param>是针对整个应用的,所以并不放在<servlet>标记中,应放在<web-app>里,但在<servlet>声明之外。

5.2.4　实例:测试 ServletContext 初始化参数

下面我们来测试一下 ServletContext。

【web.xml 配置代码】

```
<?xml version="1.0" encoding="UTF-8"?>
<web-app>
    <!-- 上下文初始化参数配置 -->
    <context-param>
```

```
        <param-name>email</param-name>
        <param-value>gjxy@hdu.edu.cn</param-value>
    </context-param>
    <context-param>
        <param-name>date</param-name>
        <param-value>2009-11-11</param-value>
    </context-param>
    <servlet>
        <servlet-name>UserServlet</servlet-name>
        <servlet-class>cn.zmx.UserServlet</servlet-class>
    </servlet>
    <servlet-mapping>
        <servlet-name>UserServlet</servlet-name>
        <url-pattern>*.user</url-pattern>
    </servlet-mapping>
</web-app>
```

【bottom.jsp 源代码】

```
<%@ page language="java" pageEncoding="UTF-8"%>
<%--
只能读取上下文参数配置的"邮箱地址"
才能读取初始化参数
--%>
<%   //application 计数器应用
    String strNum = (String) application.getAttribute("Num");
    int Num = 1;
    if (strNum != null)
        Num = Integer.parseInt(strNum) + 1;
    application.setAttribute("Num", String.valueOf(Num));
%>
<table width="100%" height="40" border="0" cellpadding="0"
    cellspacing="1" bgcolor="#CCCCCC">
    <tr>
        <td align="center" valign="middle">
            开发日期：
<%=pageContext.getServletContext().getInitParameter("date")%>
            联系方式：
<%=pageContext.getServletContext().getInitParameter("email")%>
```

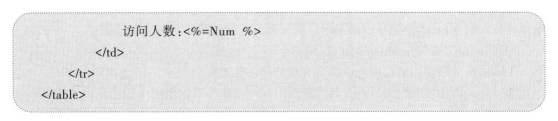

```
            访问人数:<%=Num %>
        </td>
    </tr>
</table>
```

运行结果

执行 bottom.jsp,结果如图 5-1 所示。

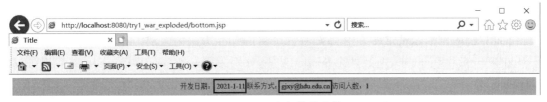

图 5-1　上下文初始化参数

如果想通过 Servlet 来访问上下文参数,那么我们可以在 Servlet 类中通过下面代码来获取上下文参数的值:

```
String email = this.getServletContext().getInitParameter("email");
```

通过验证,我们可以发现,对于上下文初始化参数,所有的 Servlet 和 JSP 都可以访问到。

5.3　Servlet 请求分派

5.3.1　请求分派

在 Servlet 中,利用 RequestDispatcher 对象,可以将请求转发给另外一个 Servlet 或 JSP 页面,甚至是 HTML 页面,来处理对请求的响应。

1. 接口简介

(1) RequestDispatcher 对象由 Servlet 容器来创建,封装一个由路径所标识的服务器资源。

(2) 定义了 2 种方法用于请求转发。

① forward(ServletRequest, ServletResponse)

将请求转发给服务器上另外一个 Servlet,JSP 页面,或者 HTML 文件。

这个方法必须在响应被提交给客户端之前调用,否则抛出异常。方法调用后在响应中的没有提交的内容被自动消除。

② include(ServletRequest, ServletResponse)

用于在响应中包含其他资源(Servlet,JSP 页面或 HTML 文件)的内容。

即请求转发后,原先的 Servlet 还可以继续输出响应信息,转发到的 Servlet 对请求做出的响应将并入原先 Servlet 的响应对象中。

(3)forward 方法和 include 方法的区别:

①forward 方法调用后在响应中的没有提交的内容被自动消除。

②include 方法使原先的 Servlet 和转发到的 Servlet 都可以输出响应信息。

2.得到 RequestDispatcher 对象

有 3 种方法可以得到 RequestDispatcher 对象。

(1)利用 ServletRequest 接口中 getRequestDispatcher(String path)方法。

(2)利用 ServletContext 接口中 getNamedDispatcher(String path)方法。

(3)利用 ServletContext 接口中 getRequestDispatcher(String path)方法。

【例 5-1】本例演示请求转发中 forward 方法和 include 方法的区别。

在 Web 工程 Demo 中,新建两个 Servlet 文件,分别为 Sample.java 和 Other.java,都放在 cn.zmx 包下。

【Sample.java 源代码】

```java
package cn.zmx;

import java.io.IOException;
import java.io.PrintWriter;

import javax.servlet.RequestDispatcher;
import javax.servlet.ServletException;
import javax.servlet.http.HttpServlet;
import javax.servlet.http.HttpServletRequest;
import javax.servlet.http.HttpServletResponse;

public class Sample extends HttpServlet {

    @Override
    protected void service(HttpServletRequest req, HttpServletResponse resp)
            throws ServletException, IOException {
        //通过 req 接收请求参数,通过 resp 响应
//参数"/servlet/Other"可以改成 JSP 页面或 HTML 文件
        RequestDispatcher rd = req.getRequestDispatcher("/servlet/Other");
        rd.include(req, resp); //这里调用 include 方法,那么下面就会继续执行。
        //如果上面是 forward 方法,那么下面就不会被执行;

        PrintWriter out = resp.getWriter();
```

```
            out.print("Hello World!");
    }
```

【Other.java 源代码】

```
package cn.zmx;

import java.io.IOException;
import java.io.PrintWriter;

import javax.servlet.ServletException;
import javax.servlet.http.HttpServlet;
import javax.servlet.http.HttpServletRequest;
import javax.servlet.http.HttpServletResponse;

public class Other extends HttpServlet {

    public void doGet(HttpServletRequest request, HttpServletResponse response)
            throws ServletException, IOException {
        PrintWriter out1 = response.getWriter();
        out1.println("Other Servlet");
    }

    public void doPost(HttpServletRequest request, HttpServletResponse response)
            throws ServletException, IOException {
        doGet(request,response);
    }
}
```

【web.xml 配置代码】

```
<?xml version="1.0" encoding="UTF-8"?>
<web-app version="2.4" xmlns="http://java.sun.com/xml/ns/j2ee"
    xmlns:xsi="http://www.w3.org/2001/XMLSchema-instance"
    xsi:schemaLocation="http://java.sun.com/xml/ns/j2ee
    http://java.sun.com/xml/ns/j2ee/web-app_2_4.xsd">
    <servlet>
        <servlet-name>Sample</servlet-name>
```

```
                <servlet-class>cn.zmx.Sample</servlet-class>
        </servlet>
    <servlet>
        <servlet-name>Other</servlet-name>
        <servlet-class>cn.zmx.Other</servlet-class>
    </servlet>

        <servlet-mapping>
                <servlet-name>Sample</servlet-name>
                <url-pattern>/servlet/Sample</url-pattern>
        </servlet-mapping>
    <servlet-mapping>
        <servlet-name>Other</servlet-name>
        <url-pattern>/servlet/Other</url-pattern>
    </servlet-mapping>
</web-app>
```

运行结果

（1）当 Sample.java 中调用 forward 方法时，调用 forward 方法后的所有内容会被自动清除，这样 Sample.java 中的"Hello World!"信息就不会被打印出来，所以运行结果如图 5-2 所示。

图 5-2　调用 forward()方法

（2）当 Sample.java 中调用 include 方法时，原先的 Servlet（即 Sample.java）还可以继续输出响应信息，转发到的 Servlet（即 Other.java）对请求做出的响应将并入原先 Servlet（即 Sample.java）的响应对象中，所以运行结果如图 5-3 所示。

图5-3 调用include()方法

注意:当调用include方法时,两个Servlet类文件中的PrintWriter对象引用的名字不要相同。

5.3.2 重定向与请求分派

1.重定向

工作在浏览器端,sendRedirect()可以带参数传递,比如servlet?name=abc传至下个页面,同时它可以重定向至不同的主机上,sendRedirect()可以重定向有frame的jsp文件。

重定向后在浏览器地址栏上会出现重定向页面的URL。

(1)代码:

```
response.sendRedirect(request.getContextPath()+"/index.jsp");
```

(2)说明:使用sendRedirect时,前面没必要有输出,因为最后是通过浏览器转向到另一页面,显示的最终结果是转向后的页面的内容。

调用sendRedirect,应该紧跟一句"return;"。既然已经要转向了,后面的输出就没有意义。而且有可能因为后面的输出导致转向失败。

上面代码中参数是路径,在本书运行环境里用"request.getContextPath()+"/index.jsp""表示,如果request.getContextPath()不加的话,那么最后就会重定向到http://localhost:8080/index.jsp,这显然是错误的。request.getContextPath()表示获取当前站点的根路径"/Demo",最后路径就构成为"/Demo/index.jsp"。在实际操作中,读者要多留意这里的路径问题。

当然,这里的index.jsp后面可以携带参数,比如index.jsp?name=abc&param=123等等。

(3)特点:URL的地址发生了变化,通常叫客户端跳转

2.请求分派

工作在服务器端。当使用forward()时,Servlet引擎传递HTTP请求从当前的Servlet或JSP到另外一个Servlet、JSP或普通HTML文件,也即你的表单提交至a.jsp,在a.jsp用到了forward()重定向至b.jsp,此时表单提交的所有信息在b.jsp都可以获得,参数自动传递。

重定向后浏览器地址栏 URL 不变。

（1）代码：

```
RequestDispatcher  rd  =  req.getRequestDispatcher("/servlet/Other?name=abc");
rd.forward(req,  resp);
```

（2）说明：请求分派分两步完成，第一步是获取 RequestDispatcher 对象，第二步就是通过该对象调用 forward 方法或 include 方法。

生成对象时参数可以是 Servlet、JSP 或 HTML 文件。也可以携带参数，如代码中所示"/servlet/Other?name=abc"，这样在 servlet 文件 Other.java 中就可以通过 request.getParameter（"name"）来获取参数 name 的值。

关于 RequestDispatcher 对象，这里有 2 种方法得到，其中 ServletRequest 接口和 ServletContext 接口中 getRequestDispatcher 的参数区别如下：

①request.getRequestDispatcher("/result.jsp");

如果是由 request 引导的，那么"/"可有可无。

②getServletContext().getRequestDispatcher("/result.jsp");

如果是由 getServletContext()引导的，那么必须以"/"开头。

（3）特点：URL 的地址没有发生变化，通常叫服务器端跳转。

5.3.3　实例：重定向/请求分派

【例 5-2】删除用户后重定向到用户列表。

在文件 userList.jsp 中点击删除用户链接后，执行 UserServlet.java 中删除用户的操作，删除完成后重定向到用户列表页面 userList.jsp。

【userList.jsp 源代码】

```
<%@ page language="java" import="java.util.*" pageEncoding="utf-8"%>
<jsp:useBean id="dob" class="cn.zmx.DataOperBean"/>
<%@ include file="header.jsp"%>
<html>
  <head>
    <title>用户列表</title>
  </head>
  <body>
    <table width="551" border="0" cellpadding="0" cellspacing="1" bgcolor="#999999">
      <tr>
        <td width="80" bgcolor="#CCCCCC">username</td>
        <td width="91" bgcolor="#CCCCCC">password</td>
        <td width="91" bgcolor="#CCCCCC">operation</td>
      </tr>
```

```
<%
    String[] temp = {"username","password"};
    Vector<String[]> vec = dob.getData("user",temp,null);
    for(int i=0;i<vec.size();i++){
        String[] ss = vec.get(i);
%>
<tr>
    <td bgcolor="#FFFFFF"><%=ss[0]%></td>
    <td bgcolor="#FFFFFF"><%=ss[1]%></td>
    <td bgcolor="#FFFFFF">
    <a href="modifyUser.jsp?username=<%=ss[0]%>">edit</a>|
    <%
    //如果是管理员,即用户名是admin,则不显示删除链接
    if(!"admin".equals(ss[0])){
    %>
    <a href="delete.user?username=<%=ss[0] %>">delete</a>
    <%} %>
    </td>
</tr>
    <% } %>
    </table>
    <p><br>
        </p>
<%@ include file="../bottom.jsp"%>
    </body>
</html>
```

【UserServlet.java 源代码】

```
package cn.zmx;

import java.io.IOException;
import java.text.SimpleDateFormat;
import java.util.Date;
import java.util.Locale;
import javax.servlet.RequestDispatcher;
import javax.servlet.ServletException;
import javax.servlet.http.HttpServlet;
import javax.servlet.http.HttpServletRequest;
```

```java
import javax.servlet.http.HttpServletResponse;

public class UserServlet extends HttpServlet {
    protected void service(HttpServletRequest arg0, HttpServletResponse arg1)
            throws ServletException, IOException {
        String path = arg0.getRequestURI();// path = /Demo/add.user
        String flag = path.substring(path.lastIndexOf('/') + 1, path
                .lastIndexOf('.')); // flag = add
        debug(flag);
        arg0.setCharacterEncoding("utf-8");
        DataOperBean dob = new DataOperBean();
        if ("add".equals(flag)) {// 添加用户,备用代码
            debug("添加用户");
            //从 session 中获取用户名和密码
            UserBean ub = (UserBean)arg0.getSession().getAttribute("user");
            String username = ub.getUsername();
            String password = ub.getPassword();
            // 插入数据
            String[] temp = { "username", "password"};
            String[] values = { username, password};
            dob.insertData("user", temp, values);
            // 请求分派
            gotoPage(arg0, arg1, "/login.jsp");
        }
        if ("edit".equals(flag)) {// 修改用户
            debug("修改用户");
            String username = arg0.getParameter("username");
            String password = arg0.getParameter("password");
            String[] field = { "username", "password" };
            String[] value = { username, password };
            dob.modifyData("user", field, value, "username='"+username+"'");
            gotoPage(arg0, arg1, "userList.jsp");
        }
        if ("delete".equals(flag)) {// 删除用户
            debug("删除用户");
            String username = arg0.getParameter("username");
            dob.deleteData("user", "username='"+username+"'");
            arg1.sendRedirect("userList.jsp");//重定向
            //gotoPage(arg0, arg1, "userList.jsp");
```

```
    }
  }

  private void gotoPage(HttpServletRequest arg0, HttpServletResponse arg1,
         String path) throws ServletException, IOException {
    // 请求分派
    RequestDispatcher rd = arg0.getRequestDispatcher(path);
    rd.forward(arg0, arg1);
  }

  public static void debug(String str) {
    System.out.println(str);
  }
}
```

运行结果

打开 userList.jsp，如图 5-4 所示。

图 5-4　用户列表

接着点击用户名是 a 的删除链接"delete"，删除后会自动重定向到 userList.jsp，如图 5-5 所示。

图 5-5　重定向到用户列表

注意,图 5-4、图 5-5 中的地址栏都是 userList.jsp,如果重定向到其他页面(如***.jsp),那么地址栏会变成其他页面地址(***.jsp)。

【例 5-3】删除用户密码后请求分派到用户列表,我们在图 5-5 中的 admin 密码从 admin 改为 123,之后再观察请求分派后地址栏的变化情况。

文件 userList.jsp 和 UserServlet.java 代码在例 5-2 中已经给出,这里不再赘述。直接给出运行结果。

在如图 5-5 所示的界面点击用户"admin"的操作"edit"链接后,运行结果如图 5-6 所示。

图 5-6 密码修改页面

在图 5-6 中修改密码为 123 后,点击修改,运行结果,如图 5-7 所示。

图 5-7 密码修改后请求分派到用户列表

注意地址栏是 servlet 类 UserServlet.java 的访问 URL,并不是 userList.jsp,如果再次修改其他用户的密码,地址栏始终不变,这就是请求分派。

5.4 理解会话

HTTP 协议的"无状态"特点带来了一系列的问题。特别是通过在线商店购物时,服务器不能顺利地记住以前的事务就成了严重的问题。它使得"购物车"之类的应用很难实现:当我们把商品加入购物车时,服务器如何才能知道购物车里原先有些什么? 即使服务器保存了上下文信息,我们仍旧会在电子商务应用中遇到问题。

例如,当用户从选择商品的页面(由普通的服务器提供)转到输入信用卡号和送达地址的页面(由支持SSL的安全服务器提供),服务器如何才能记住用户买了些什么?

这个问题一般有三种解决方法:

1. 利用 Cookie

利用HTTP Cookie来存储有关购物会话的信息,后继的各个连接可以查看当前会话,然后从服务器的某些地方提取有关该会话的完整信息。这是一种优秀的,也是应用最广泛的方法。然而,即使Servlet提供了一个高级的、使用方便的Cookie接口,仍旧有一些繁琐的细节问题需要处理:

(1)从其他Cookie中识别出保存会话标识的Cookie;

(2)为Cookie设置合适的过期时间(例如,中断时间超过24小时的会话一般应重置);

(3)把会话标识和服务器端相应的信息关联起来(实际保存的信息可能要远远超过保存到Cookie的信息,而且像信用卡号等敏感信息永远不应该用Cookie来保存)。

2. 改写 URL

你可以把一些标识会话的数据附加到每个URL的后面,服务器能够把该会话标识和它所保存的会话数据关联起来。这也是一个很好的方法,而且还有当浏览器不支持Cookie或用户已经禁用Cookie的情况下也有效这一优点。然而,大部分使用Cookie时所面临的问题同样存在,即服务器端的程序要进行许多简单但单调冗长的处理。另外,还必须十分小心地保证每个URL后面都附加了必要的信息(包括非直接的,如通过Location给出的重定向URL)。如果用户结束会话之后又通过书签返回,则会话信息会丢失。

3. 隐藏表单域

HTML表单中可以包含下面这样的输入域:

`<INPUT TYPE="HIDDEN" NAME="session" VALUE="...">`。

这意味着,当表单被提交时,隐藏域的名字和数据也被包含到GET或POST数据里,我们可以利用这一机制来维持会话信息。然而,这种方法有一个很大的缺点,它要求所有页面都是动态生成的,因为整个问题的核心就是每个会话都要有一个唯一标识符。

Servlet为我们提供了一种与众不同的方案:HttpSession API。

HttpSession API是一个基于Cookie或者URL改写机制的高级会话状态跟踪接口:如果浏览器支持Cookie,则使用Cookie;如果浏览器不支持Cookie或者Cookie功能被关闭,则自动使用URL改写方法。Servlet开发者无需关心细节问题,也无需直接处理Cookie或附加到URL后面的信息,API自动为Servlet开发者提供一个可以方便地存储会话信息的地方。

5.4.1 会话管理机制

因为HTTP是一种无状态的协议,所以它意味着Web应用并不了解有关同一用户以前请求的信息。维持会话状态信息的方法之一是使用Servlet或者JSP容器提供的会话跟踪功能。

Servlet API规范定义了一个简单的HttpSession接口,通过它我们可以方便地实现会话跟踪。

　　HttpSession 接口提供了存储和返回标准会话属性的方法。标准会话属性如会话标识符、应用数据等，都以"名字-值"对的形式保存。简而言之，HttpSession 接口提供了一种把对象保存到内存、在同一用户的后继请求中提取这些对象的标准办法。在会话中保存数据的方法是 setAttribute(String s，Object o)，从会话提取原来所保存对象的方法是 getAttribute(String s)。

　　在 HTTP 协议中，当用户不再活动时不存在显式的终止信号。由于这个原因，我们不知道用户是否还要再次返回，如果不采取某种方法解决这个问题，内存中会积累起大量的 HttpSession 对象。

　　为此，Servlet 采用"超时限制"的办法来判断用户是否还在访问：如果某个用户在一定的时间之内没有发出后继请求，则该用户的会话被作废，它的 HttpSession 对象被释放。会话的默认超时间隔由 Servlet 容器定义。这个值可以通过 getMaxInactiveInterval 方法获得，通过 setMaxInactiveInterval 方法修改，这些方法中的超时时间以秒计。如果会话的超时时间值设置成 -1，则会话永不超时。Servlet 可以通过 getLastAccessedTime 方法获得当前请求之前的最后一次访问时间。

　　要获得 HttpSession 对象，我们可以调用 HttpServletRequest 对象的 getSession 方法。为了正确地维持会话状态，我们必须在发送任何应答内容之前调用 getSession 方法。

　　用户会话既可以用手工方法作废，也可以自动作废。作废会话意味着从内存中删除 HttpSession 对象以及它的数据。例如，如果一定时间之内（默认 30 分钟）用户不再发送请求，Java Web Server 自动地作废它的会话。

　　当然，Servlet/JSP 会话跟踪机制也有着一定的局限，比如：

　　(1)会话对象保存在内存之中，占用了可观的资源；

　　(2)会话跟踪依赖于 Cookie。由于各种原因，特别是安全上的原因，一些用户关闭了 Cookie；

　　(3)会话跟踪要用到服务器创建的会话标识符。在多个 Web 服务器以及多个 JVM 的环境中，Web 服务器不能识别其他服务器创建的会话标识符，会话跟踪机制无法发挥作用。

5.4.2　会话对象中读取/保存数据

　　如上节所述，读取保存在会话中的信息使用的是 getAttribute 方法（对于 2.2 版前的 Servlet 规范，使用 getValue）。保存数据使用 setAttribute（或 2.2 版前的 Servlet 规范，使用 putValue）方法，并指定键和相应的值。

　　本系统在用户登录的过程中会新建一个 session，调用 setAttribute 方法存储一个键名为 username 的属性，在其他地方通过 session 的 getAttribute 方法来获取键名 username 对应的值。

　　文件 checkLogin.jsp 中调用 setAttribute 方法存储一个键名为 username 的属性，代码如下：

```
session.setAttribute("username",username);
```

　　在首页留言列表 index.jsp 中取出 session 里面键名 username 对应的值，并进一步判断，如果是管理员的话显示用户管理超级链接，否则不显示，代码如下：

```
<%
try{
    String username = (String)session.getAttribute("username");
    if(username!=null&&"admin".equals(username)){
        out.print("<a href=\"user/userList.jsp\">[user manage]</a>");
    }
}catch(Exception e){}
%>
```

5.5 Servlet 过滤器

过滤器允许我们拦截请求,而且这对 Servlet 来说是透明的,它并不知道在客户做出请求和容器调用 Servlet 的 service()方法之间已经有过滤器介入。

这对我们的好处有:

(1)改变以往需要改写甚至重写 Servlet 局面。现在只需编写和配置一个过滤器,就能影响所有的 Servlet;

(2)管理每个 Servlet 的输出;

(3)对每个 Servlet 可以增加用户跟踪请求。

可以说,有了过滤器后,我们不用"碰"Servlet 代码,它可能是最强大的 Web 应用开发工具了。

5.5.1 过滤器工作原理

过滤器工作原理如图 5-8 所示。

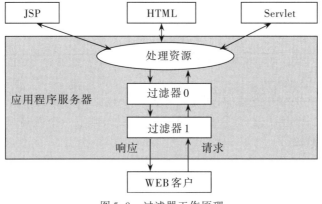

图 5-8 过滤器工作原理

如图 5-8 所示,当客户端发出 Web 资源的请求时,Web 服务器根据应用程序配置文件设置的过滤规则进行检查,客户请求满足过滤规则,则对客户请求/响应进行拦截,对请求头和请求数据进行检查或改动,并依次通过过滤器链,最后把请求/响应交给请求的 Web 资源处理。请求信息在过滤器链中可以被修改,也可以根据条件让请求不发往资源处理器,并直接向客户发回一个响应。当资源处理器完成了对资源的处理后,响应信息将逐级逆向返回。同样在这个过程中,用户可以修改响应信息,从而完成一定的任务。

5.5.2　Servlet 过滤器 API

Servlet 过滤器相关的 API 主要有 3 个接口,它们都在 javax.servlet 包中,分别是 Filter 接口、FilterChain 接口和 FilterConfig 接口。

1.Filter 接口

所有的过滤器都必须实现 Filter 接口。该接口定义了 init()、doFilter() 和 destory() 三个方法。

(1)public void init (FilterConfig filterConfig) throws ServletException

当开始使用 servlet 过滤器服务时,Web 窗口调用此方法一次,为服务过滤器;然后在需要使用过滤器的时候调用 doFilter(),传送给此方法的 FilterConfig 对象,包含 servlet 过滤器的初始化参数。

(2) public void doFilter(ServletRequest request, ServletResponse response, FilterChain chain) throws java.io.IOException,ServletException

每个过滤器都接受当前的请求和响应,而 FilterChain 包含的过滤器则仍然必须被处理。doFilter 方法中,过滤器可以对请求和响应做它想做和一切,通过调用它们的方法收集数据,或者给对象添加新的行为。

过滤器通过传送到此方法的 FilterChain 参数,调用 chain.doFilter() 将控制权传送给下一个过滤器。当这个调用返回后,过滤器可以在它的 doFilter 方法的最后对响应做些其他的工作。

如果过滤器想要终止请求的处理或得到对响应的完全控制,则可以不调用下一个过滤器,而将其重定向到其他一些页面。当链中的最后一个过滤器调用 chain.doFilter() 方法时,将运行最初请求的 Servlet。

(3)public void destory()

一旦 doFilter() 方法里的所有线程退出或已超时,容器调用此方法。服务器调用 destory()以指出过滤器已结束服务,用于释放过滤器占用的资源。

2.FilterChain 接口

public void doFilter(ServletRequest request, ServletResponse response)throws java.io.IOException, ServletException

由 Servlet 容器提供给开发者的,用于对资源请求过滤链的依次调用,通过 FilterChain 调用过滤器链中的下一个过滤器,如果是最后一个过滤器,则下一个就调用目标资源。

3.FilterConfig 接口

FilterConfig 接口检索过滤器名、初始化参数以及活动的 Servlet 上下文。该接口提供了以下 4 个方法。

(1)public java.lang.String getFilterName()

返回 web.xml 部署文件中定义的该过滤器的名称。

（2）public ServletContext getServletContext()

返回调用者所处的 Servlet 上下文。

（3）public java.lang.String getInitParameter(java.lang.String name)

返回过滤器初始化参数值的字符串形式,当参数不存在时,返回 null,name 初始化参数名。

（4）public java.util.Enumeration getInitParameterNames()

以 Enumeration 形式返回过滤器所有初始化参数值,如果没有初始化参数,返回为空。

5.5.3　过滤器相关接口工作流程

从编程的角度看,过滤器类将实现 Filter 接口,然后使用这个过滤器类中的 FilterChain 和 FilterConfig 接口。该过滤器类的一个引用将传递给 FilterChain 对象,以允许过滤器把控制权传递给链中的下一个资源。FilterConfig 对象将由容器提供给过滤器,以允许访问该过滤器的初始化数据。详细流程如图 5-9 所示。

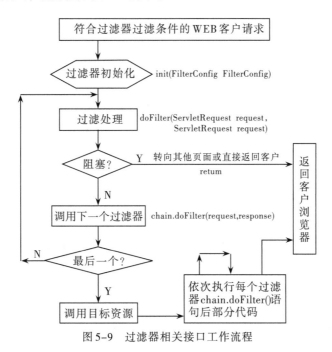

图 5-9　过滤器相关接口工作流程

5.5.4　过滤器配置

过滤器通过 Web 应用程序中的部署描述文件(web.xml)中的 XML 标签来声明,包括两个部分:

第一部分是过滤器定义,由<filter>元素表示,主要包括<filter-name>和<filter-class>两个必需的子元素和<icon>、<init-param>、<display-name>与<description>这 4 个可选的子元素。

<filter-name>子元素定义了一个过滤器的名字,<filter-class>指定了由容器载入的实际类,<init-param>子元素为过滤器实例提供初始化参数。

第二部分是对过滤器规则的配置,由<filter-mapping>元素表示,主要由<filter-name>、<

servlet-name>和<url-pattern>子元素组成。<servlet-name>将过滤器映射到一个或多个Serlvet,<url-pattern>将过滤器映射到一个或多个任意特征的 URL 的 JSP 页面。

【web.xml配置代码】

```xml
<?xml version="1.0" encoding="UTF-8"?>
<web-app>
    <filter>
        <filter-name>EncodingFilter</filter-name>
        <filter-class>cn.zmx.EncodingFilter</filter-class>
        <init-param>
            <param-name>encoding</param-name>
            <param-value>gb2312</param-value>
        </init-param>
    </filter>
    <filter-mapping>
        <filter-name>EncodingFilter</filter-name>
        <url-pattern>/result.jsp</url-pattern>
    </filter-mapping>
</web-app>
```

说明:

(1)同一个过滤器的<filter>和<filter-mapping>中的<filter-name>值应相同。

(2)<filter-class>指定过滤器具体类(如有包,则指出完整包路径)。

(3)如需要初始化参数,可以在<filter>定义,如上所示,定义一个名为 encoding 的初始化参数,初始化值为 gb2312,这个参数值可以在过滤器的 init(FilterConfig filterConfig)方法中通过 FilterConfig 接口的 getInitParameter(参数名)获取。

(4)<filter-mapping>中<url-pattern>说明。

①过滤应用程序中所有资源:

<url-pattern>/*</url-pattern>

上面"/"斜杠可有可无。

②过滤指定类型的文件资源:

<url-pattern>*.jsp</url-pattern>

如果是*.do就表示过滤所有后缀为 .do 的请求,但都不能以"/"斜杠开头。

如果要同时过滤多种类型资源,则可配置如下:

```xml
<filter>
<filter-name>test</filter-name>
<filter-class>package.myfilter</filter-class>
</filter>
```

```
<filter-mapping>
<filter-name>test</filter-name>
<url-pattern>*.html</url-pattern>
</filter-mapping>


<filter-mapping>
<filter-name>test</filter-name>
<url-pattern>*.jsp</url-pattern>
</filter-mapping>
```

上面的<filter-name>相同,表示该过滤器对所有后缀名为html和jsp的文件请求进行过滤。

③过滤指定的目录:

<url-pattern>/admin/*</url-pattern>

表示过滤根目录下admin文件夹下的所有资源请求。

④过滤指定的Servlet:

在<filter-mapping>中没有<url-pattern>,取而代之的是<servlet-name>,就表示要过滤指定的Servlet。下面是完整的一个配置。

【web.xml配置代码】

```xml
<?xml version="1.0" encoding="UTF-8"?>
<web-app>
    <filter>
        <filter-name>EncodingFilter</filter-name>
        <filter-class>cn.zmx.EncodingFilter</filter-class>
        <init-param>
            <param-name>encoding</param-name>
            <param-value>gb2312</param-value>
        </init-param>
    </filter>
    <filter-mapping>
        <filter-name>EncodingFilter</filter-name>
        <servlet-name>MyServlet</servlet-name>
    </filter-mapping>

    <servlet>
    <servlet-name>MyServlet</servlet-name>
    <servlet-class>cn.zmx.MyServlet</servlet-class>
    </servlet>
```

```
    <servlet-mapping>
        <servlet-name>MyServlet</servlet-name>
        <url-pattern>*.do</url-pattern>
    </servlet-mapping>
</web-app>
```

经过上面配置后,所有后缀为 .do 的请求都会自动地映射 MyServlet,而过滤器一旦发现该 Servlet 被调用就进行过滤操作。

⑤过滤指定文件:

<url-pattern>/result.jsp </url-pattern>

必须以"/"斜杠开头。

5.5.5 过滤器链配置

过滤器链的执行过程如图 5-10 所示。

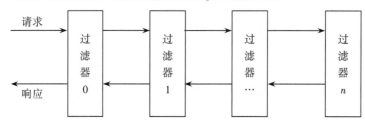

图 5-10 过滤器链执行过程

如图 5-10 所示,请求的过程中,首先执行过滤器 0 的 doFilter 方法中调用 chain.doFilter() 语句前的代码,接着执行过滤器 1 的 doFilter 方法中调用 chain.doFilter() 语句前的代码,以此类推,最后执行过滤器 n 的 doFilter 方法中调用 chain.doFilter() 语句前的代码。响应的过程中,首先返回的是执行过滤器 n 的 doFilter 方法中调用 chain.doFilter() 语句后的代码,以此类推,最后返回的是执行过滤器 0 的 doFilter 方法中调用 chain.doFilter() 语句后的代码。

以上就是过滤器链的执行过程,当然具体还跟 web.xml 中的配置有关,首要条件是过滤器链中各个过滤器存在同时匹配的可能,否则就不构成过滤器链。

如果一个 Web 应用中需要用到多个过滤器,那么有多个过滤器的情况下我们如何在 web.xml 中配置呢?

下面是两个过滤器的配置,如果是其他情况的话,原理一样,读者可参照进行相应配置。

【web.xml配置代码】

```
<?xml version="1.0" encoding="UTF-8"?>
<web-app>
```

```
                <!-- 过滤器链配置(定义单引号'和双引号"为非法字符)-->
            <filter>
                <filter-name>LoginFilter</filter-name>
                <filter-class>cn.zmx.LoginFilter</filter-class>
                <init-param>
                    <param-name>illegal</param-name>
                    <param-value>',"</param-value>
                </init-param>
            </filter>
            <filter>
                <filter-name>EncodingFilter</filter-name>
                <filter-class>cn.zmx.EncodingFilter</filter-class>
                <init-param>
                    <param-name>encoding</param-name>
                    <param-value>UTF-8</param-value>
                </init-param>
            </filter>
            <filter-mapping>
                <filter-name>EncodingFilter</filter-name>
                <url-pattern>*</url-pattern>
            </filter-mapping>
            <filter-mapping>
                <filter-name>LoginFilter</filter-name>
                <url-pattern>*.jsp</url-pattern>
            </filter-mapping>

</web-app>
```

上面的配置里有两个 filter,这里就有两种情况:

(1)如果两个过滤器的<url-pattern>有同时匹配的可能,那么就会按照过滤器在 web.xml 中定义的先后顺序执行(这里指的是两个过滤器的<filter-mapping>定义先后关系,并不是<filter>的定义先后关系);

(2)如果两个过滤器的<url-pattern>没有同时匹配的可能,那么就不构成过滤器链,我们就不需要考虑过滤器链的情况,它只会按照特定请求进行相应的过滤器调用。

5.5.6　实例 1:简单过滤器

当一个经过测试的完整 Web 应用交付给客户时,我们往往不希望对一些已经测试过的代码进行修改,现在客户突然反馈说有一个乱码问题,自然而然想到的方法就是在原先代码中稍作处理即可解决,但考虑到整个 Web 应用很庞大,可能会"牵一发而动全身",那么有没有更好的办法呢?答案是肯定的,那就是过滤器。有了过滤器,我们就不需要改变原先任何代码。

本例主要就是利用过滤器来处理中文乱码问题。

在搜索留言的页面 search.jsp 中去掉中文乱码处理代码。

【search.jsp 源代码】

```
<%@ page language="java" import="java.util.*" pageEncoding="utf-8"%>
<%@ include file="header.jsp"%>
<html>
  <head>
    <title>搜索</title>
  </head>
  <body>
    <form name="form1" method="post" action="">
    search:<input name="key" type="text" id="key">
      <input type="submit" name="Submit" value="search">
    </form><a href="add.jsp">[add]</a>
<%
String condition="";
try{


    //request.setCharacterEncoding("UTF-8");
    String key = request.getParameter("key");
    System.out.println("key:"+key);//后台打印测试
    if(!"".equals(key)){
        condition="username like '%"+key+"%'";
    }else{
        condition="";
    }

//    String key = request.getParameter("key");
//    System.out.println("未做乱码处理前的key:"+key);
//    if(!"".equals(key)){
//        String str=new String(key.getBytes("ISO-8859-1"),"UTF-8");
//        System.out.println("乱码处理后的key:"+str);
//        condition="username like '%"+str+"%'";
//    }else{
//        condition="";
//    }

    }
```

```
catch(Exception e){}
%>
<jsp:useBean id="dob" class="cn.zmx.DataOperBean"/>
 <table width="551" border="0" cellpadding="0" cellspacing="1" bgcolor="#999999">
     <tr>
         <td width="80" bgcolor="#CCCCCC">id</td>
         <td width="91" bgcolor="#CCCCCC">username</td>
         <td width="120" bgcolor="#CCCCCC">content</td>
         <td width="146" bgcolor="#CCCCCC">publishtime</td>
         <td width="108" bgcolor="#CCCCCC">operation</td>
     </tr>
     <%
     String[] temp = {"id","username","content","publishtime"};
     Vector<String[]> vec = dob.getData("book",temp,condition);
     for(int i=0;i<vec.size();i++){
         String[] ss = vec.get(i);
     %>
     <tr>
       <td bgcolor="#FFFFFF"><%=ss[0]%></td>
       <td bgcolor="#FFFFFF"><%=ss[1]%></td>
       <td bgcolor="#FFFFFF">
       <%=ss[2].length()>6?ss[2].substring(0,5)+"...":ss[2]%></td>
       <td bgcolor="#FFFFFF"><%=ss[3]%></td>
       <td bgcolor="#FFFFFF"><a href="detail.jsp?id=<%=ss[0]%>"
target=_blank>show</a>/<a href="modify.jsp?id=<%=ss[0]%>">edit</a>/<a
href="delete.do?id=<%=ss[0] %>">delete</a></td>
     </tr>
     <% } %>
   </table>
<%@ include file="bottom.jsp"%>
  </body>
</html>
```

运行结果

执行 search.jsp,输入"张三",点击"search"按钮,结果在后台打印如下信息,如图 5-11 所示。

```
[2021-03-05 04:33:44,468]
05-Mar-2021 16:33:52.883
05-Mar-2021 16:33:52.946
key:??????
```

图 5-11 没有配置过滤器且代码中没有乱码处理的情况

　　下面我们通过配置过滤器来处理上面遇到的中文乱码问题,这里需要新建一个过滤器类,名为 EncodingFilter.java,当然需要配置一下部署描述文件 web.xml。
　　【EncodingFilter.java 源代码】

```java
package cn.zmx;

import java.io.IOException;
import javax.servlet.Filter;
import javax.servlet.FilterChain;
import javax.servlet.FilterConfig;
import javax.servlet.ServletException;
import javax.servlet.ServletRequest;
import javax.servlet.ServletResponse;

public class EncodingFilter implements Filter {
    private String encoding = "";

    public void destroy() {
        System.out.println("destroy");
    }

    public void doFilter(ServletRequest request, ServletResponse response,
            FilterChain chain) throws IOException, ServletException {
        request.setCharacterEncoding(encoding);
        chain.doFilter(request, response);

    }

    public void init(FilterConfig config) throws ServletException {
        encoding = config.getInitParameter("encoding");
        System.out.println(encoding);
        System.out.println("init");
    }
}

web.xml

<?xml version="1.0" encoding="UTF-8"?>
<web-app>
```

```
    <!-- 简单过滤器配置-->
        <filter>
        <filter-name>EncodingFilter</filter-name>
        <filter-class>cn.zmx.EncodingFilter</filter-class>
        <init-param>
        <param-name>encoding</param-name>
        <param-value>UTF-8</param-value>
        </init-param>
        </filter>


        <filter-mapping>
        <filter-name>EncodingFilter</filter-name>
        <url-pattern>*.jsp</url-pattern>

        </filter-mapping>
</web-app>
```

上面的过滤器和web.xml完成后，重新部署Web应用，并启动Tomcat。

运行结果

（1）执行 search.jsp，并同样输入关键字"张三"，点击"search"按钮，在后台打印如下信息，如图5-12所示。

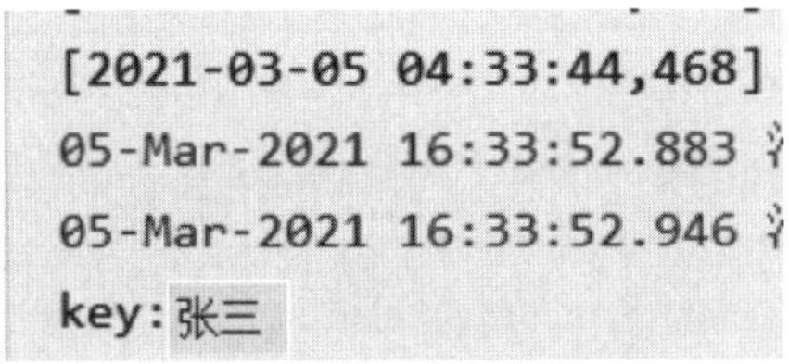

图 5-12　后台正常显示中文

上面 web.xml 中<url-pattern>为*.jsp，说明对所有 jsp 文件的请求进行过滤。如果改为"/index.jsp"，就变为只对根目录下 index.jsp 的请求进行过滤，对 result.jsp 的请求不做过滤，所以最后还是乱码情况。如果改为"/result.jsp"，表示只对根目录下 result.jsp 的请求进行过滤，那么最后不会发生中文乱码情况。

至此，一个利用过滤器处理中文乱码问题的实例就演示完毕，读者可结合实际应用进行相关操作。

5.5.7　实例2：过滤器链

本例演示用户登录过程，考虑到用户在登录的过程中会输入一些非法字符，比如"'""""等，这样的非法字符如果不进行过滤的话很容易进行 SQL 注入攻击，另外还需要考虑中文乱码问题，所以在这个例子中我们采用了两个过滤器，一个过滤器是处理中文乱码，另一个过滤器是登录过程中过滤一些非法字符。

下面是具体操作过程。

新建两个过滤器，分别为 EncodingFilter.java 和 LoginFilter.java，放在包 cn.zmx 下。

【EncodingFilter.java 源代码】

```java
package cn.zmx;

import java.io.IOException;

import javax.servlet.Filter;
import javax.servlet.FilterChain;
import javax.servlet.FilterConfig;
import javax.servlet.ServletException;
import javax.servlet.ServletRequest;
import javax.servlet.ServletResponse;

public class EncodingFilter implements Filter {
    private String encoding = "";

    public void destroy() {
        System.out.println("EncodingFilter destroy");
    }

    public void doFilter(ServletRequest request, ServletResponse response,
            FilterChain chain) throws IOException, ServletException {
        request.setCharacterEncoding(encoding);
        response.setCharacterEncoding(encoding);

        System.out.println("EncodingFilter doFilter() before");
        chain.doFilter(request, response);
        System.out.println("EncodingFilter doFilter() after");
    }

    public void init(FilterConfig config) throws ServletException {
        encoding = config.getInitParameter("encoding");
        System.out.println(encoding);
        System.out.println("EncodingFilter init");
    }
}
```

【LoginFilter.java 源代码】

```
package cn.zmx;

import java.io.IOException;
import java.io.PrintWriter;

import javax.servlet.Filter;
import javax.servlet.FilterChain;
import javax.servlet.FilterConfig;
import javax.servlet.ServletException;
import javax.servlet.ServletRequest;
import javax.servlet.ServletResponse;
import javax.servlet.http.HttpServletResponse;

public class LoginFilter implements Filter {
    String illegal = "";

    public void destroy() {
        // TODO Auto-generated method stub
        System.out.println("LoginFilter destroy");
    }

    public void doFilter(ServletRequest request, ServletResponse response,
            FilterChain chain) throws IOException, ServletException {
        // 含有非法字符判断

        System.out.println("LoginFilter doFilter() before");
        String[] str = illegal.split(",");
        String username = request.getParameter("username");
        String password = request.getParameter("password");
        try{
        if(username.contains(str[0])||password.contains(str[1])){
            HttpServletResponse hsr = (HttpServletResponse)response;
            PrintWriter out = hsr.getWriter();
            out.print("<script>alert(\"含有非法字符,请重新登录!
\");location.href=\"index.jsp\";</script>");
        }
        }catch(Exception e){}
        chain.doFilter(request, response);
```

```
            System.out.println("LoginFilter doFilter() after");
    }

    public void init(FilterConfig config) throws ServletException {
            // TODO Auto-generated method stub
            illegal = config.getInitParameter("illegal");
            System.out.println(illegal);
            System.out.println("LoginFilter init");
    }

}
```

【web.xml配置代码】

```
<web-app>
    <!-- 过滤器链配置(定义单引号'和双引号"为非法字符)-->
    <filter>
        <filter-name>LoginFilter</filter-name>
        <filter-class>cn.zmx.LoginFilter</filter-class>
        <init-param>
            <param-name>illegal</param-name>
            <param-value>','"</param-value>
        </init-param>
    </filter>
    <filter>
        <filter-name>EncodingFilter</filter-name>
        <filter-class>cn.zmx.EncodingFilter</filter-class>
        <init-param>
            <param-name>encoding</param-name>
            <param-value>UTF-8</param-value>
        </init-param>
    </filter>
    <filter-mapping>
        <filter-name>EncodingFilter</filter-name>
        <url-pattern>*</url-pattern>
    </filter-mapping>
    <filter-mapping>
        <filter-name>LoginFilter</filter-name>
        <url-pattern>*.jsp</url-pattern>
```

```
    </filter-mapping>
  </web-app>
```

上面配置文件中过滤器 LoginFilter 有一个初始化参数 illegal 表示非法字符,它的值用",",隔开,表示单引号"'"和双引号"""都非法。

文件 login.jsp 代码在"2.2.2　include 指令"中已给出,读者可参考。

运行结果

上面配置文件中我们可以看出 EncodingFilter 是所有请求都过滤,LoginFilter 是对后缀为 .jsp 的请求进行过滤。

部署 Web 应用,启动 Tomcat,输入:

http://localhost:8080/Demo/login.jsp

(1)如图 5-13 所示,输入用户名为""asd'sad",密码为 123 后,点击"提交"按钮,因为输入内容含有非法字符,就显示如图 5-14 所示的出错信息,并返回重新登录,如果没有 EncodingFilter 进行中文乱码处理,那么图 5-14 中的出错信息就会显示乱码。

图 5-13　过滤器链【1】

图 5-14　过滤器链【2】

再看下面的后台打印信息,正好跟我们上面讲的"过滤器链的执行过程"一致。

```
EncodingFilter doFilter() before
LoginFilter doFilter() before
LoginFilter doFilter() after
EncodingFilter doFilter() after
```

至此,一个过滤器链的实例就演示完毕,读者可据此练习含有三个甚至更多个过滤器的过滤器链。

5.6　Servlet 上下文

服务器上的每个 Web 应用都有一个背景环境对象,称为上下文,Web 应用中的所有资源(包括 servlet、jsp、javabean 和静态 html 等)共享此上下文对象,因此上下文对象提供了一个同一个 Web 应用内的不同资源间共享信息的场所。

ServletContext 接口提供正在运行的 Servlet 所处的 Web 应用程序的上下文对象的视图,可以通过 ServeltConfig 实例的 getServletContext()方法得到 Servlet 运行的上下文对象。在创建 Web 应用程序时,通过 Servlet 上下文实现以下功能:

1. 访问 WEB 应用程序资源

ServletContext 可以通过 getResource()和 getResourceAsStream()方法访问 Web 应用程序内的静态资源文件。

下面代码是读取和当前类相同目录下的文本文件 a.txt。

```java
public void read() throws Exception{
    BufferedReader in = new BufferedReader(
            new FileReader(
                    this.getClass().getResource("a.txt").getPath()
            )
    );
    String str;
    while((str=in.readLine())!=null){
        System.out.println(str);
    }
}
```

或者采用下面代码实现。

```
public void read() throws Exception {
        BufferedReader in = new BufferedReader(new InputStreamReader(this
                .getClass().getResourceAsStream("a.txt")));
        String str;
        while ((str = in.readLine()) != null) {
                System.out.println(str);
        }
}
```

2.在Servlet上下文属性中保存Web应用信息

上下文对象可以用来存储Java对象,通过字符串值的Key来识别对象,这些属性对整个Web应用程序都是全局的,Servlet可以通过getAttribute()、getAttributeNames()、removeAttribute()、setAttribute()方法进行操作。

3.获取初始化参数信息

可以调用ServletContext.getInitParameterNames()返回一个初始化参数的枚举对象,或直接调用getInitParameter()同时指定一个参数名来得到特定的参数值。

4.提供日志支持

可以简单地调用serveltContext.log(String msg)等方法向底层的Servlet日志记录写入日志信息。

5.8　MVC迷你教程

前面一章我们已经学习了JavaBean,也应用了"JSP+JavaBean"这样一种开发组合策略,其实它是属于JSP开发模式一(JSP+JavaBean),目的是"将页面显示与业务逻辑处理分开",但是缺点比较明显,就是"维护困难,扩展性不强,不能满足大型应用"。因为该模式简单,对于小型的应用,可以考虑该模式。

本章我们学习了Servlet技术后,就有了JSP开发模式二(JSP+JavaBeans+Servlet),模式二符合MVC开发模式(模型Model—视图View—控制器Control)。

在模式二中Servlet充当控制器,负责流程的控制;JSP充当视图,只负责数据的显示;JavaBean充当模型,负责业务逻辑的处理。这样分,就便于维护,程序员专门负责业务逻辑代码,而界面设计师不需要知道具体怎么实现,由于采用三层架构,程序的扩展性也比较好,便于以后功能的扩展,非常符合大型应用开发。

5.8.1　MVC模式介绍

MVC英文即Model-View-Controller,即把一个应用的输入、处理、输出流程按照Model、View、Controller的方式进行分离,这样一个应用被分成三个层——视图层、模型层、控制层。

1.视图(View)

代表用户交互界面,对于 Web 应用来说,可以概括为 HTML 界面,但有可能为 XHTML、XML 和 Applet。随着应用的复杂性和规模性,界面的处理也变得具有挑战性。

一个应用可能有很多不同的视图,MVC 设计模式对于视图的处理仅限于视图上数据的采集和处理,以及用户的请求,而不包括在视图上的业务流程的处理。业务流程的处理交予模型(Model)处理。比如一个订单的视图只接受来自模型的数据并显示给用户,以及将用户界面的输入数据和请求传递给控制和模型。

2.模型(Model)

就是业务流程/状态的处理以及业务规则的制定。业务流程的处理过程对其他层来说是黑箱操作,模型接受视图请求的数据,并返回最终的处理结果。业务模型的设计可以说是 MVC 最主要的核心,对一个开发者来说,就可以专注于业务模型的设计。

MVC 设计模式告诉我们,把应用的模型按一定的规则抽取出来,抽取的层次很重要,这也是判断开发人员是否优秀的设计依据。抽象与具体不能隔得太远,也不能太近。MVC 并没有提供模型的设计方法,而只告诉你应该组织管理这些模型,以便于模型的重构和提高重用性。

业务模型还有一个很重要的模型,那就是数据模型。数据模型主要指实体对象的数据保存(即持续化)。比如将一张订单保存到数据库,从数据库获取订单。我们可以将这个模型单独列出,所有有关数据库的操作只限制在该模型中。

3.控制(Controller)

可以理解为从用户接收请求,将模型与视图匹配在一起,共同完成用户的请求。划分控制层的作用也很明显,它清楚地告诉你,它就是一个分发器,选择什么样的模型,选择什么样的视图,可以完成什么样的用户请求。控制层并不做任何数据处理。例如,用户点击一个连接,控制层接受请求后,并不处理业务信息,它只把用户的信息传递给模型,告诉模型做什么么,选择符合要求的视图返回给用户。因此,一个模型可能对应多个视图,一个视图可能对应多个模型。

模型、视图与控制器的分离,使得一个模型可以具有多个显示视图。如果用户通过某个视图的控制器改变了模型的数据,所有其他依赖于这些数据的视图都应反映出这些变化。因此,无论何时发生了何种数据变化,控制器都会将变化通知所有的视图,导致显示更新。

视图、模型与控制器三层相互之间的关系以及各层的主要功能如图 5-15 所示。

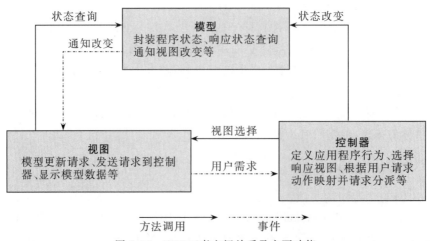

图 5-15　MVC 三者之间关系及主要功能

5.8.2 实战 MVC

理解了上面介绍的 MVC 模式,现在我们通过本系统中的"成绩查询子模块"来进一步学习 MVC 模式的实际开发过程。

由于到现在为止,我们还没有介绍过关于数据库的操作,所以这里我们将所有数据存在某个文本文件里,数据的各种操作实际上就是对文本文件的操作。

程序的功能如下:

在 JSP 页面中输入所有学生的成绩,根据用户请求动作映射到相应 servlet,servlet 调用操作文本文件的 javabean 进行数据操作。

流程有存在以下几种可能:

(1)输入学号为空时,什么也不操作;

(2)输入学号和成绩都不为空,如果文件中存在该学号,则做修改成绩操作,否则做添加成绩操作;

(3)输入学号不为空,但成绩为空,如果文件中存在该学号,则做删除操作,否则什么也不做。

下面是具体操作过程步骤。

步骤1:在已经创建的 Demo 中新建包 cn.zmx。

步骤2:创建视图 V,命名为 score.jsp,将数据的添加和显示都集中在一个页面中。

步骤3:创建控制器 C,命名为 GradeServlet.java,这是一个 Servlet 类,放在包 cn.zmx 下,需要配置部署描述文件 web.xml。在这里面主要完成"接收用户请求、定义应用程序行为(比如是数据添加,还是删除等操作)、请求分派"等操作。

步骤4:创建模型 M,命名为 ScoreBean.java,这是一个 JavaBean 类,放在包 cn.zmx 下,完成文本文件的读写操作,同时在该包下新建一个文件文件 score.txt。

各文件的源代码如下。

【文件 score.jsp 源代码】

```jsp
<%@ page language="java" pageEncoding="gb2312"%>
<%@ page import="java.util.*" %>
<jsp:useBean id="sb" class="cn.zmx.ScoreBean"/>
<html>
    <head>
        <title>index</title>
        <style type="text/css">
<!--
.STYLE1 {font-weight: bold}
-->
        </style>
</head>
```

```
<body>
<div align="center" class="STYLE1">
    <h1>成绩排名     </h1>
</div>
<%
Hashtable<String,String> ht = sb.readFile("score.txt");
%>
<table width="100%" border="0" cellpadding="0" cellspacing="1" bgcolor=
"#CCCCCC">
    <tr>
        <td bgcolor="#FFFFFF">学号</td>
        <td bgcolor="#FFFFFF">成绩</td>
    </tr>
    <%
    Enumeration<String> em = ht.keys();
    while(em.hasMoreElements()){
        String id = em.nextElement();
    %>
    <tr>
        <td bgcolor="#FFFFFF"><%=id %></td>
        <td bgcolor="#FFFFFF"><%=ht.get(id) %></td>
    </tr>
    <%} %>
</table>
<hr align="center" width="100%" size="1" noshade color="black">
<form name="form1" method="post" action="add.score">
    <label>学号:
    <input name="ID" type="text" id="ID">
    </label>
        <label>成绩:
        <input name="score" type="text" id="score">
        </label>
        <label>
        <input type="submit" name="Submit" value="添加">
        </label>
</form>
</body>
</html>
```

【GradeServlet.java 源代码】

```java
package cn.zmx;

import java.io.IOException;
import java.util.Hashtable;
import javax.servlet.RequestDispatcher;
import javax.servlet.ServletException;
import javax.servlet.http.HttpServlet;
import javax.servlet.http.HttpServletRequest;
import javax.servlet.http.HttpServletResponse;

public class GradeServlet extends HttpServlet {
    private static final long serialVersionUID = 1L;
    @Override
    protected void service(HttpServletRequest request, HttpServletResponse response)
            throws ServletException, IOException {
        String id = request.getParameter("ID");
        String score = request.getParameter("score");
        String file="score.txt";
        ScoreBean sb = new ScoreBean();
        Hashtable<String,String> ht = sb.readFile(file);//从文件读数据
        if(!"".equals(id)){
            if(ht.containsKey(id)){//文本中已经存在该学号成绩
                if(!"".equals(score)){//输入成绩不空,表示修改
                    ht.put(id, score);
                }else{//输入成绩为空,表示删除
                    ht.remove(id);
                }
            }else{//文本中不存在该学号成绩
                if(!"".equals(score)){//输入成绩不空,则添加
                    ht.put(id, score);
                }
            }
        }
        sb.writeFile(ht,file);//写数据到文件
        //请求分派
        RequestDispatcher rd = request.getRequestDispatcher("score.jsp");
        rd.forward(request, response);
```

```
        }
    }
```

【web.xml 配置代码】

```xml
<?xml version="1.0" encoding="UTF-8"?>
<web-app>
    <servlet>
        <servlet-name>GradeServlet</servlet-name>
        <servlet-class>cn.zmx.GradeServlet</servlet-class>
    </servlet>
    <servlet-mapping>
        <servlet-name>GradeServlet</servlet-name>
        <url-pattern>*.score</url-pattern>
    </servlet-mapping>
</web-app>
```

【ScoreBean.java 源代码】

```java
package cn.zmx;

import java.io.BufferedReader;
import java.io.BufferedWriter;
import java.io.FileReader;
import java.io.FileWriter;
import java.io.IOException;
import java.io.PrintWriter;
import java.util.Hashtable;

public class ScoreBean {
    public Hashtable<String, String> readFile(String file) {
        BufferedReader in;
        Hashtable<String, String> ht = new Hashtable<String, String>();
        try {
            in = new BufferedReader(new FileReader(this.getClass().getResource(
                    file).getPath()));
            String str;
            while ((str = in.readLine()) != null) {
```

```
                    String[] temp = str.split("=");
                    ht.put(temp[0], temp[1]);// ht.put(学号, 成绩);
            }
        } catch (Exception e) {
            e.printStackTrace();
        }

        return ht;
    }

    public void writeFile(Hashtable<String, String> ht, String file) {
        try {
            PrintWriter out = new PrintWriter(new BufferedWriter(
                    new FileWriter(this.getClass().getResource(
                            file).getPath())));
            write(out, ht);
        } catch (IOException e) {
            e.printStackTrace();
        }

    }

    private void write(PrintWriter out, Hashtable<String, String> ht) {
        String temp = ht.toString().replace(", ", " ").replace('{', ' ')
        .replace('}', ' ').trim();//格式:"5=555 4=444 3=333 2=222 1=111"
        temp = temp.replace(' ', '\n');//格式:"5=555\n4=444\n3=333\n2=222\n1=111"
        out.print(temp);
        out.close();
    }
}
```

运行结果

好了,前面的开发工作做完,现在我们来看一下运行的效果。

关于 Web 应用的具体部署已经 Tomcat 的启动等内容,读者如果还不了解的话请参考本书第 1 章内容。

这里直接给出上面说的各种可能操作所对应的运行结果。

(1)输入学号为空时,不管是否输入成绩,点击提交后什么也不操作,显示结果如图 5-16 所示。

图 5-16　实战 MVC【1】

（2）输入学号和成绩都不为空，比如在图 5-16 的基础上输入"学号为 200700001、成绩为80"，由于图 5-16 中还没有任何数据显示，说明文件中不存在该学号，则做添加成绩操作，点击提交后，结果如图 5-17 所示，可以看出学号和成绩已经正常显示出来了。接着我们输入相同学号，但将成绩改为 90，再点击提交，此时学号存在且成绩不为空就做修改成绩操作，结果如图 5-18 所示。

图 5-17　实战 MVC【2】

图 5-18　实战 MVC【3】

（3）按照前面所述，我们依次添加几条数据，如图5-19所示。接着输入学号不为空（这里输入200700001），但成绩为空，因为文件中存在该学号，所以做删除操作，点提交后，显示结果如图5-20所示，可以看到学号200700001数据已经被删除了。

图 5-19　实战 MVC【4】

图 5-20　实战 MVC【5】

（4）最后我们再看一下文本文件score.txt中的内容，如图5-21所示。其中黑色小方块表示换行。

图 5-21　实战 MVC【6】

至此，一个实战MVC的例子就演示完毕。该例子在介绍MVC如何使用的同时，也介绍了文件的读写操作以及哈希表的操作，读者可以进一步地将这个程序进行改进，比如把查找功能加进去等。

5.9　Servlet实例

5.9.1　实例1(手工完成 Servlet 程序)

为了让读者更好地了解Servlet,这里我们通过手工方式来完成一个Servlet程序,并让它"跑起来"。在本章的"MVC迷你教程"和末尾的实例程序,我们通过集成开发环境来完成Servlet实例。

本例我们还是通过一个简单的"Hello World!"输出来演示Servlet开发的整个过程,读者通过这个例子,要掌握Servlet编写、编译、部署以及测试的方法。

1.创建

在 D 盘下创建一个文件夹,名为 project,里面有两个文件夹,分别为 src 和 web。其中 src 里存放源代码,比如 Servlet 等,web 里存放最终要部署的文件(这里的目录结构要严格按照要求创建,包括文件名大小写等)。

在 src 下新建 cn 文件,再在 cn 文件夹下新建 zmx 文件夹,创建一个名为 Sample.java 的 Servlet。如图 5-22 所示。

图 5-22　Servlet类位置

在 web 文件夹下创建一个 WEB-INF 文件夹,再在里面新建一个 classes 文件夹和一个部署描述文件 web.xml,具体路径关系如图 5-23 所示。

图 5-23　web文件夹下目录结构

用记事本新建一个 Sample.java 文件,代码如下所示。

【Sample.java 源代码】

```java
package cn.zmx;

import java.io.IOException;
import java.io.PrintWriter;

import javax.servlet.ServletException;
import javax.servlet.http.HttpServlet;
import javax.servlet.http.HttpServletRequest;
import javax.servlet.http.HttpServletResponse;

public class Sample extends HttpServlet {
    @Override
    protected void service(HttpServletRequest req, HttpServletResponse resp)
            throws ServletException, IOException {
        //通过 req 接收请求参数,通过 resp 响应
        PrintWriter out = resp.getWriter();
        out.print("Hello World!");
    }

}
```

这样,一个简单的 Servlet 类就创建完毕,功能是向客户输出"Hello World!"信息。这里我们是把代码直接写在 service 方法中,如果读者使用 GET 方式发出请求,可以将 service 改成doGet,反之亦然。

2. 编译

本阶段是将上面编写好的 Servlet 类文件进行编译,并将编译好的 class 文件放到 web 文件夹下的 WEB-INF 文件夹里的 classes 目录下(如果带包编译,那么编译时会生成相关的文件夹,此时一并拷贝到该文件夹下)。

因为是编译 Servlet,所以需要用到 servlet-api.jar,该文件在 E:\Tomcat-8.5.51\lib 下。

首先在 DOS 下进到 D 盘的 project 目录,如图 5-24 所示。

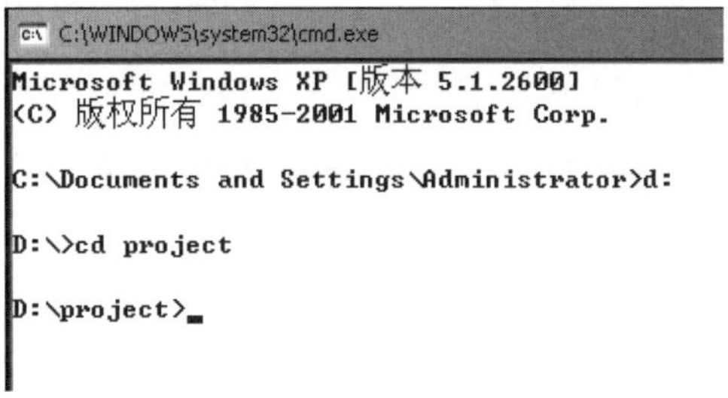

图 5-24　切换到 project 目录

我们希望能够将编译好的 class 文件直接放到 web 文件夹下的 WEB-INF 文件夹里的 classes 目录下,所以完整的编译命令如图 5-25 所示。

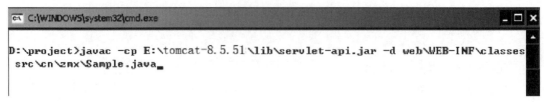

图 5-25　编译命令【1】

说明:图 5-25 中的 -cp 是 -classpath 的简写方式。"-cp E:\Tomcat-8.5.51\lib\servlet-api. jar"目的是能够在编译的过程中找到 Servlet 编译所需的类库。读者也可以直接将其配置到环境变量中去。"-d web\WEB-INF\classes"表示将编译后生成的文件放到 web\WEB-INF\classes 下。

经过编译后,我们再来看 web 文件夹下的 WEB-INF 文件夹里的 classes 目录,如图 5-26 所示。

图 5-26　生成相应的 class 文件

因为是带包编译,所以从图 5-26 中的地址栏里可以看出编译过程还生成了完整的包目录结构关系。

这样,我们就完成了一个带包的 Servlet 类的手工编译过程。可以看出,手工编译很繁琐。

这里就有一个问题:

如果 src 里有很多 Servlet 类文件的话,那么我们就需要一个个进行编译,非常麻烦,特别是编译有相互依赖关系的类文件,时如果不考虑编译次序的话就很容易编译出错。

鉴于此,这里提供一个简便方法,读者只要掌握这个方法,手工编译就不容易出错。

首先在 src 目录下新建一个 src.txt 文件,里面内容如下:

> D:\project\src\cn\zmx\Sample.java

可以看出,我们是将 Sample.java 的绝对路径写在里面,如果有很多类的话,只要将所有类的绝对路径写在里面即可,每个路径要另起一行。

编译命令如图 5-27 所示。

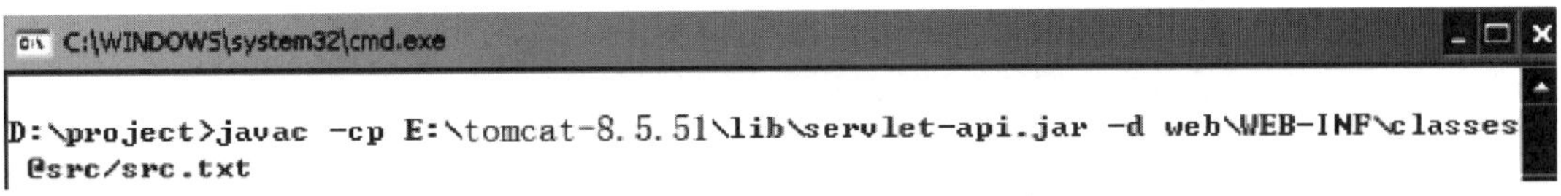

图 5-27　编译命令【2】

通过上述编译方式，可以大大提高手工编译的效率，而且我们不用关心类之间的依赖关系，只要将类的绝对路径放到 src.txt 文件里即可。

3.部署

创建部署描述文件 web.xml，放在 web 文件夹下的 WEB-INF 目录下，本阶段主要是配置 Servlet 映射。

【web.xml配置代码】

```
<?xml version="1.0" encoding="UTF-8"?>
<web-app version="2.4"
    xmlns="http://java.sun.com/xml/ns/j2ee"
    xmlns:xsi="http://www.w3.org/2001/XMLSchema-instance"
    xsi:schemaLocation="http://java.sun.com/xml/ns/j2ee
    http://java.sun.com/xml/ns/j2ee/web-app_2_4.xsd">

    <servlet>
      <servlet-name>Sample</servlet-name>
      <servlet-class>cn.zmx.Sample</servlet-class>
    </servlet>
    <servlet-mapping>
      <servlet-name>Sample</servlet-name>
      <url-pattern>/servlet/Sample</url-pattern>
    </servlet-mapping>

</web-app>
```

从 web.xml 代码中我们可以看出<servlet>和<servlet-mapping>标记是通过<servlet-name>元素关联的，最终用户访问的 url 是/servlet/Sample 是相对于根路径关系。如果最后站点名称为 web，当我们输入 http://localhost:8080/web/servlet/Sample 时，如果发现服务器上不存在这样的文件，Web 容器就会去部署描述文件里寻找 url-pattern 为/servlet/Sample 的<servlet-mapping>标记，然后根据这个<servlet-mapping>标记里的<servlet-name>元素值再去找含有相同<servlet-name>元素值的<servlet>标记，找到<servlet>标记后，再映射到对应的<servlet-class>中对应的类，最后该请求才会被执行。

4.测试

将整个 web 拷贝到 Tomcat 安装目录下的 webapps 文件夹里，启动 Tomcat，打开 IE 浏览器，输入 http://localhost:8080/web/servlet/Sample，结果如图 5-28 所示。

图 5-28　运行结果

上面地址栏里的/servlet/Sample 是 web.xml 中定义的 url-pattern，实际上 url-pattern 还支持通配符，如果我们将 web.xml 中的 url-pattern 改成*.do，那么后缀为 .do 的 URL 都被映射到本 Servlet 实例。如我们输入 http://localhost:8080/web/abc.do，其运行结果图 5-28 读者不妨试试。

5.9.2　实例 2（用户登录验证）

本例演示用户登录，如果用户输入的用户名和密码都为 admin 时，就请求分派到 success.jsp，否则就到 fail.jsp，并显示登录失败信息。

通过本例操作，读者可以掌握"Servlet 对于表单数据的接收与处理、请求分派的操作，以及 web.xml 配置"等相关技术。

下面开始操作，关于详细的"创建 Web 工程、新建各类文件"等方法请参考本书第 1 章的介绍。这里只给出步骤。

步骤 1：创建 Web 应用，命名为 Demo。

步骤 2：新建 3 个 JSP 页面，分别命名为 login.jsp、success.jsp 和 fail.jsp。

步骤 3：新建一个 Servlet 类，命名为 LoginServlet.java，放在包 cn.zmx 下，同时需要配置部署描述文件 web.xml。

步骤 4：部署 Web 应用，并启动 Tomcat，运行程序。

下面给出各步骤产生的代码：

【login.jsp 源代码】

```
<%@ page language="java" pageEncoding="UTF-8"%>
<!DOCTYPE HTML PUBLIC "-//W3C//DTD HTML 4.01 Transitional//EN">
<html>
  <head>
    <title>登录</title>
    <style type="text/css">
<!--
.STYLE1 {
    font-family: "楷体_GB2312";
    font-weight: bold;
```

```
    }
    -->
    </style>
</head>
  <body>
    <form action="login.do" method="post">
      <table width="304" border="0" cellpadding="0" cellspacing="1"bgcolor="#
666666">
        <tr>
          <td colspan="2" align="center" bgcolor="#CCCCCC"><h2><span
class="STYLE1">登　录</span></h2></td>
        </tr>
        <tr>
          <td width="84" bgcolor="#FFFFFF">用户名:</td>
          <td width="204" bgcolor="#FFFFFF"><input name="username"
type="text" id="username"></td>
        </tr>
        <tr>
          <td bgcolor="#FFFFFF">密码:</td>
          <td bgcolor="#FFFFFF"><input name="password" type="password"
id="password"></td>
        </tr>
        <tr>
          <td bgcolor="#FFFFFF"> </td>
          <td bgcolor="#FFFFFF"><input type="submit" name="Submit" value="提交">
          <input type="reset" name="Submit2" value="重置"></td>
        </tr>
      </table>
    </form>
  </body>
</html>
```

【success.jsp源代码】

```
<%@ page language="java" pageEncoding="UTF-8"%>
<html>
  <head>
    <title>登录成功</title>
  </head>
```

```
  <body>
     欢迎您,管理员!　<br>
  </body>
</html>
```

【fail.jsp 源代码】

```
<%@  page language="java"  pageEncoding="UTF-8"%>
<%@  page import="java.util.*"  %>
<html>
  <head>
    <title>登录失败</title>
  </head>
  <body>
    错误信息:<br>
    <%
    Vector<String> vec = (Vector<String>)session.getAttribute("errors");
    for(String  str: vec){
        out.println(str+"<br>");
    }
    %>
    <a  href="javascript:history.go(-1)">返回</a>
  </body>
</html>
```

【LoginServlet.java 源代码】

```
package cn.zmx;

import java.io.IOException;
import java.util.Vector;

import javax.servlet.RequestDispatcher;
import javax.servlet.ServletException;
import javax.servlet.http.HttpServlet;
import javax.servlet.http.HttpServletRequest;
import javax.servlet.http.HttpServletResponse;
```

```java
public class LoginServlet extends HttpServlet {
    public void doPost(HttpServletRequest request,HttpServletResponse response)
    throws ServletException, IOException{
        String username = request.getParameter("username");
        String password = request.getParameter("password");
        Vector<String> errors = new Vector<String>();//存储错误信息
        if("".equals(username)){
            errors.add("用户名不能为空");
        }else{
            if(username.contains("'")||username.contains("\"")){
                errors.add("用户名含有非法字符");
            }else{
                if(!"admin".equals(username)){
                    errors.add("用户名不存在");
                }
            }
        }
        if("".equals(password)){
            errors.add("密码不能为空");
        }else{
            if(password.contains("'")||password.contains("\"")){
                errors.add("密码含有非法字符");
            }else{
                if(!"admin".equals(password)){
                    errors.add("密码不正确");
                }
            }
        }


        //errors.size()>0成立,说明有错误发生
        String result = errors.size()>0?"fail.jsp":"success.jsp";
        if(errors.size()>0){
            request.getSession().setAttribute("errors", errors);
        }
        //请求分派
        RequestDispatcher rd = request.getRequestDispatcher(result);
        rd.forward(request, response);
```

```
    }
}
```

【web.xml配置代码】

```xml
<?xml version="1.0" encoding="UTF-8"?>
<web-app version="2.4"

    xmlns="http://java.sun.com/xml/ns/j2ee"
    xmlns:xsi="http://www.w3.org/2001/XMLSchema-instance"
    xsi:schemaLocation="http://java.sun.com/xml/ns/j2ee
    http://java.sun.com/xml/ns/j2ee/web-app_2_4.xsd">
  <servlet>
    <servlet-name>LoginServlet</servlet-name>
    <servlet-class>cn.zmx.LoginServlet</servlet-class>
  </servlet>

  <servlet-mapping>
    <servlet-name>LoginServlet</servlet-name>
    <url-pattern>*.do</url-pattern>
  </servlet-mapping>
  <welcome-file-list>
    <welcome-file>index.jsp</welcome-file>
  </welcome-file-list>
</web-app>
```

运行结果

(1)部署web应用并启动Tomcat,执行login.jsp,如图5-29所示。

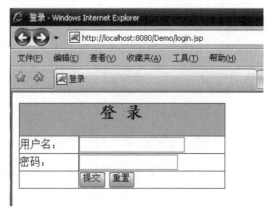

图5-29　登录验证【1】

（2）输入为空时，如图 5-30 所示。

图 5-30 登录验证【2】

（3）输入非法字符时，如图 5-31 所示。

图 5-31 登录验证【3】

（4）输入用户名和密码都不为空且都合法，但不全为 admin 时，如图 5-32 所示。

图 5-32 登录验证【4】

（5）输入都为 admin 时，如图 5-33 所示。

图 5-33 登录验证【5】

至此,一个用户登录验证的实例我们就演示完毕,读者可结合实际应用进一步改进。

5.9.3 实例 3(Web 定时器)

在 Web 应用投入使用后,我们往往需要对数据进行备份,传统的办法是手工备份,这个办法不但浪费人力物力,而且还容易因为人为因素导致出错。特别是有些重要的网上业务,比如 IPTV 系统,白天的数据量变化很大,如果这时进行备份,很可能会导致业务中断,所以像这样的业务系统数据备份最好是到凌晨 1 点夜深人静的时候备份比较好,这样看来,手工备份肯定不行。

鉴于此,我们在这里通过一个 Web 定时器来演示如何去解决上述的数据备份问题。

简单起见,这里我们不做实际的数据备份工作,主要是通过定时进行文件创建并后台打印信息,当然在实际的应用中,如果需要每天凌晨 1 点进行数据备份的话,我们就需要设置定时周期为 1 天。这里我们定时周期设置为 1 分钟,每次启动服务器后只要等待一分钟就会生成一个新的文件,同时后台会打印出定时器已启动执行等信息。因为是定时,我们就不需要操作任何东西,一切都是自动完成。

好了,下面我们开始操作。

首先是新建一个 Web 应用,命名为 Demo,接着新建一个 Servlet 类,命名为 TimerServlet.java,放在包 cn.zmx 下,在该包下还创建一个 JavaBean 类,命名为 WrapperTimer.java,最后还需要配置部署描述文件 web.xml。

各文件源代码如下:

【TimerServlet.java 源代码】

```java
package cn.zmx;

import javax.servlet.ServletConfig;
import javax.servlet.ServletException;
import javax.servlet.http.HttpServlet;

public class TimerServlet extends HttpServlet {
    public void init(ServletConfig config) throws ServletException{
```

```
            super.init(config);
            System.out.println("Init Success!!!!!!!!!!!!");
            WrapperTimer wrapperTimer=new WrapperTimer();
            wrapperTimer.scheduleTask();
        }
    }
```

【WrapperTimer.java 源代码】

```java
package cn.zmx;

import java.io.BufferedWriter;
import java.io.FileWriter;
import java.io.PrintWriter;
import java.util.Calendar;
import java.util.Timer;
import java.util.TimerTask;

public class WrapperTimer {
    // 设定启动时间:24 小时制
    private int iHour = 1, iMinute = 0, iSecond = 0;  // 凌晨 1 点启动
    private Timer timer = null;
    private TimerTask timerTask = null;
    private final static int PERIOD = 60 * 1000;  // 周期设置为每分钟
    private Calendar cal = Calendar.getInstance();

    public WrapperTimer() {
        timer = new Timer();
        timerTask = new MyTask();
    }

    public void scheduleTask() {
        cal.getTime();
        //设置第一次启动时间
        cal.set(Calendar.HOUR_OF_DAY, iHour);
        cal.set(Calendar.MINUTE, iMinute);
        cal.set(Calendar.SECOND, iSecond);

        timer.schedule(timerTask, cal.getTime(), PERIOD);
```

```
        }
//取消定时器,功能保留
    public void cancel() {
        timer.cancel();
    }
//内部私有类
    private class MyTask extends TimerTask {
        public void run() {
            Calendar curCal = Calendar.getInstance(); // 当前时间
            if (/* curCal.get(Calendar.HOUR_OF_DAY)==iHour
            &&curCal.get(Calendar.MINUTE)>=iMinute &&*/
            curCal.get(Calendar.SECOND) >= iSecond) {
                System.out.println("定时程序启动:");
                // 调用你要做的动作,这里以后可以放数据备份操作
                System.out.println("创建文件名:file" + curCal.getTimeInMillis()
                        + ".txt");
                createFile(curCal.getTimeInMillis() + "");
                System.out.println("定时程序执行完毕! ");
            }
        }
    }


    private void createFile(String fileName) {
        try {
            String desFile = this.getClass().getResource("").getPath() + "file"
                    + fileName + ".txt";
            BufferedWriter bw = new BufferedWriter(new FileWriter(desFile));
            PrintWriter out = new PrintWriter(bw);
            out.println("<html>");
            out.println("<body>aaaaaaa</body>");
            out.println("</html>");
            out.flush();
            out.close();
        } catch (Exception e) {
        }
    }
}
```

web.xml

```
<?xml version="1.0" encoding="UTF-8"?>
<web-app>
  <servlet>
    <servlet-name>TimerServlet</servlet-name>
    <servlet-class>cn.zmx.TimerServlet</servlet-class>
    <load-on-startup>1</load-on-startup>
  </servlet>
  <servlet-mapping>
    <servlet-name>TimerServlet</servlet-name>
    <url-pattern>*.do</url-pattern>
  </servlet-mapping>
</web-app>
```

web.xml中<load-on-startup>的含义：标记容器是否在启动时就加载这个Servlet。当值为0或者大于0时，表示容器在应用启动时就加载这个Servlet；当是一个负数时或者没有指定时，则指示容器在该Servlet被选择时才加载。正数的值越小，启动该Servlet的优先级越高。

运行结果

部署Web应用，启动Tomcat，如果启动时正好大于0秒，则立刻执行，接下去就要等待一分钟后（因为执行周期是一分钟）才可以看到后台打印出定时器启动执行相关信息，如图5-34所示。再等待一分钟后，后台打印信息如图5-35所示。

图5-34　Web定时器【1】

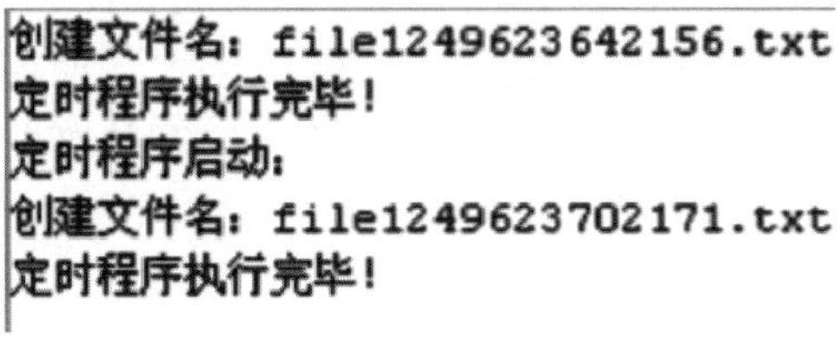

图5-35　Web定时器【2】

最后，我们再看一下通过定时器创建的文本文件，位置是"Tomcat安装目录\webapps\Demo\WEB-INF\classes\cn\zmx"，如图5-36所示，可以看到创建了两个文件。

图 5-36　Web定时器【3】

打开其中任意一个文本文件,内容是由定时器类中的 createFile()方法生成的,如图 5-37 所示。createFile()方法在实际应用中是数据备份操作。

图 5-37　Web定时器【4】

至此,一个 Web 定时器的应用就演示完毕,感兴趣的读者可以对其功能进行扩充以满足实际需要。事实上,定时器的应用还是比较广泛的,希望读者能够好好理解并加以掌握。

5.9.4　实例4(调查反馈)

本例演示一个用户调查反馈的小程序,在上网的时候我们经常性的会碰到一些用户调查报告,让用户选择某些信息或输入某些反馈等,最后返回"谢谢评价"之类信息。

通过本例子,读者可以进一步掌握"Servlet 处理 JSP 表单数据、Servlet 初始化参数以及 Servlet 文件操作"等技术。

好了,下面我们开始具体的开发步骤:

步骤1:新建 Web 应用,命名为 Demo。

步骤2:新建 JSP 页面,命名为 index.jsp。

步骤3:新建 Servlet 类,命名为 SurveyServlet.java,放在包 cn.zmx 下,同时需要配置部署描述文件 web.xml。

步骤4:在 D 盘根目录下新建一个文本文件 data.txt 用来存放用户提交信息。

步骤5:在包 cn.zmx 下新建一个文件操作的 JavaBean 类,命名为 FileBean.java。

步骤6:部署应用,启动服务器并运行 Web 程序。

现在给出上面各步骤中产生的代码：

【index.jsp 源代码】

```
<%@ page language="java" contentType="text/html; charset=UTF-8"
    pageEncoding="UTF-8"%>
<%@ page import="java.util.*" %>
<jsp:useBean id="fb" class="cn.zmx.FileBean"/>
<!DOCTYPE html PUBLIC "-//W3C//DTD HTML 4.01 Transitional//EN"
"http://www.w3.org/TR/html4/loose.dtd">
<html>
<head>
<meta http-equiv="Content-Type" content="text/html; charset=UTF-8">
<title>调查反馈</title>
</head>
<body>
<form name="form1" method="post" action="a.do">
  <table width="466" border="0" align="center" cellpadding="0" cellspacing="1"
bgcolor="#333333">
    <tr>
      <td colspan="2" align="center" bgcolor="#CCCCCC">用户调查</td>
    </tr>
    <tr>
      <td width="118" bgcolor="#FFFFFF">用户名:</td>
      <td width="332" bgcolor="#FFFFFF"><input name="username" type="text"
id="username"></td>
    </tr>
    <tr>
      <td bgcolor="#FFFFFF">反馈信息:</td>
      <td bgcolor="#FFFFFF"><textarea name="info" cols="30" rows="10"
id="info"></textarea></td>
    </tr>
    <tr>
      <td bgcolor="#FFFFFF"> </td>
      <td bgcolor="#FFFFFF"><input type="submit" name="Submit" value="提交">
      <input type="reset" name="Submit2" value="重置"></td>
    </tr>
  </table>
</form>
<hr width="100%" size="1" noshade>
```

```
<table width="100%" border="0" cellpadding="0" cellspacing="1" bgcolor="#333333">
  <tr>
    <td align="center" bgcolor="#CCCCCC">用户</td>
    <td align="center" bgcolor="#CCCCCC">反馈信息</td>
    <td align="center" bgcolor="#CCCCCC">反馈时间</td>
  </tr>
  <% Hashtable<String,String[]> ht = fb.readFile(pageContext.getServletContext().
getInitParameter("filePath"));
     Enumeration<String> em = ht.keys();
     for(;em.hasMoreElements();){
         String key = em.nextElement();
         String[] temp = ht.get(key);
  %>
  <tr>
    <td bgcolor="#FFFFFF"><%=temp[1] %></td>
    <td bgcolor="#FFFFFF"><%=temp[2] %></td>
    <td bgcolor="#FFFFFF"><%=temp[0] %></td>
  </tr>
  <% }%>
</table>
</body>
</html>
```

【SurveyServlet.java 源代码】

```
package cn.zmx;

import java.io.IOException;
import java.text.SimpleDateFormat;
import java.util.Calendar;
import java.util.Hashtable;
import javax.servlet.RequestDispatcher;
import javax.servlet.ServletException;
import javax.servlet.http.HttpServlet;
import javax.servlet.http.HttpServletRequest;
import javax.servlet.http.HttpServletResponse;


public class SurveyServlet extends HttpServlet {
```

```
    String filePath;
    protected void service(HttpServletRequest request, HttpServletResponse response)
            throws ServletException, IOException {
        request.setCharacterEncoding("UTF-8");
        String username = request.getParameter("username").trim();
        String info = request.getParameter("info").trim();
        //反馈信息不为空且不含有分隔符#时才处理
        if(!"".equals(info)&&!info.contains("#")){
            //用户名为空或含有分隔符#是显示"匿名"
            username = "".equals(username)||username.contains("#")?"匿名":username;
            SimpleDateFormat sdf = new SimpleDateFormat("yyyy年MM月dd
日_HH时mm分ss秒");
            String timestr = sdf.format(Calendar.getInstance().getTime());
            FileBean fb = new FileBean();
            //先读文件
            Hashtable<String,String[]> ht = fb.readFile(filePath);
            //后写文件
            String[] temp = {timestr,username,info};
            ht.put(timestr, temp);
            fb.writeFile(ht, filePath);
        }
        RequestDispatcher rd = request.getRequestDispatcher("index.jsp");
        rd.forward(request, response);
    }
    @Override
    public void init() throws ServletException {
        filePath = this.getServletContext().getInitParameter("filePath");
    }
}
```

【web.xml配置代码】

```
<?xml version="1.0" encoding="ISO-8859-1"?>
<web-app xmlns="http://java.sun.com/xml/ns/j2ee"
    xmlns:xsi="http://www.w3.org/2001/XMLSchema-instance"
    xsi:schemaLocation="http://java.sun.com/xml/ns/j2ee web-app_2_4.xsd"
    version="2.4">
    <context-param>
```

```
                <param-name>filePath</param-name>
                <param-value>d:\\data.txt</param-value>
        </context-param>
        <servlet>
            <servlet-name>SurveyServlet</servlet-name>
            <servlet-class>cn.zmx.SurveyServlet</servlet-class>
        </servlet>
        <servlet-mapping>
            <servlet-name>SurveyServlet</servlet-name>
            <url-pattern>*.do</url-pattern>
        </servlet-mapping>
    </web-app>
```

【FileBean.java 源代码】

```java
package cn.zmx;

import java.io.BufferedReader;
import java.io.BufferedWriter;
import java.io.FileReader;
import java.io.FileWriter;
import java.io.IOException;
import java.io.PrintWriter;
import java.util.Enumeration;
import java.util.Hashtable;

public class FileBean {
    public Hashtable<String, String[]> readFile(String file) {
        BufferedReader in;
        Hashtable<String, String[]> ht = new Hashtable<String, String[]>();
        try {
            in = new BufferedReader(new FileReader(file));
            String str;
            while ((str = in.readLine()) != null) {
                String[] temp = str.split("#");//用#分隔
                ht.put(temp[0], temp);// ht.put(时间,{时间,用户名,反馈信息});
            }
        } catch (Exception e) {
```

```
            e.printStackTrace();
        }
        return ht;
    }

    public void writeFile(Hashtable<String, String[]> ht, String file) {
        try {
            PrintWriter out = new PrintWriter(new BufferedWriter(
                    new FileWriter(file)));
            write(out, ht);
        } catch (IOException e) {
            e.printStackTrace();
        }
    }

    private void write(PrintWriter out, Hashtable<String, String[]> ht) {
        String result = "";
        Enumeration<String> em = ht.keys();
        for(;em.hasMoreElements();){
            String key = em.nextElement();
            String[] temp = ht.get(key);
            result += temp[0]+"#"+temp[1]+"#"+temp[2]+"\n";
        }
        out.print(result);
        out.close();
    }
}
```

运行结果

(1)刚启动执行 index.jsp 时, 显示效果如图 5-38 所示。

图 5-38　调查反馈【1】

（2）只要输入反馈信息为空，那么点击提交后显示效果仍如图 5-38 所示。

（3）输入反馈信息不为空，如果输入用户名为空，那么显示用户为匿名，如图 5-39 所示，接着再添加一条用户名不为空（比如输入用户名为"张三"）的情况，最后显示输入用户名，如图 5-40 所示。

图 5-39　调查反馈【2】

图 5-40 调查反馈【3】

(4)打开 D 盘下的 data.txt,里面内容如图 5-41 所示,黑色小方块表示换行符"\n"。

图 5-41 调查反馈【4】

至此,一个调查反馈的程序实例就演示完毕,通过这个例子的操作,读者应该要掌握"文件的读写操作、Servlet 处理 JSP 表单数据、Servlet 初始化参数"等相关技术。

5.9.5 实例 5(会话管理)

根据本章内容,我们知道 Servlet 的会话管理技术主要有 4 种:URL 重写、Cookie、隐藏表单域以及 HttpSession。

下面的例子通过一个动态验证码的实例详细说明了这 4 种技术的具体应用方式。为了简单起见,动态验证码没有采用图片生成技术,其原理和效果与本例中相同。另外,为了代码结构的清晰性,在登录表单生成和登录验证部分都没有采用统一的代码。

【index.jsp 源代码】

```jsp
<%@ page contentType="text/html;charset=gb2312"%>
<html>
    <head>
        <title>Servlet会话管理实例</title>
    </head>
```

```
    <body>
        <h2>Servlet会话管理实例</h2>
        <hr>
        本实例通过实现用户登录过程中的动态验证码校验功能,说明4种Session
管理方法的特点。
        <br>
        <ul>
            <li>
    <a href="<%=request.getContextPath() %>/servlet/UrlRedirect">URL重写方法</a>
            </li>
            <li>
    <a href="<%=request.getContextPath() %>/servlet/HiddenField">隐藏表单域方法</a>
            </li>
            <li>
<a href="<%=request.getContextPath() %>/servlet/CookieManagement">
Cookie方法</a>
</li>
            <li>
<a href="<%=request.getContextPath() %>/servlet/HttpSessionManagement">HttpSession
方法</a>
            </li>
        </ul>
    </body>
</html>
```

【UrlRedirect.java 源代码】

```java
import java.io.IOException;
import java.io.PrintWriter;
import javax.servlet.ServletException;
import javax.servlet.http.HttpServlet;
import javax.servlet.http.HttpServletRequest;
import javax.servlet.http.HttpServletResponse;

public class UrlRedirect extends HttpServlet {
    public void doGet(HttpServletRequest request, HttpServletResponse response)
            throws ServletException, IOException {
        response.setContentType("text/html;charset=gb2312");
```

```
            PrintWriter out = response.getWriter();
            int validationCode = (int) (Math.random() * 1000);
            out.println("<HTML>");
            out.println("<HEAD><TITLE>URL 重写</TITLE></HEAD>");
            out.println("<BODY><h2>通过 URL 重写实现会话管理</h2><hr>");
            out.println("<form action="+request.getContextPath()+"/servlet/LoginWithUrl
Redirect?code="+ validationCode+" method=post>");
            out.println("用户名:<input type=text width=10 name=username
value=abc><br>");
            out.println("密码: <input type=password width=10 name=password
value=123><br>");
            out.println("验证码:<input type=text width=10 name=inputedcode>"+
validationCode);
            out.println("<input type=submit value='登录'><br>");
            out.println("</form>");
            out.println("</BODY>");
            out.println("</HTML>");
            out.flush();
            out.close();
        }
}
```

【LoginWithUrlRedirect.java 源代码】

```
import java.io.IOException;
import java.io.PrintWriter;
import javax.servlet.ServletException;
import javax.servlet.http.HttpServlet;
import javax.servlet.http.HttpServletRequest;
import javax.servlet.http.HttpServletResponse;

public class LoginWithUrlRedirect extends HttpServlet {
    public void doPost(HttpServletRequest request, HttpServletResponse response)
            throws ServletException, IOException {

        response.setContentType("text/html;charset=gb2312");
        PrintWriter out = response.getWriter();
        out.println("<BODY><h2>通过 URL 重写实现会话管理</h2><hr>");
```

```
        out.println("用户名:" + request.getParameter("username") + "<br>");
        out.println("密码: " + request.getParameter("password") + "<br>");
        out.println("系统验证码:" + request.getParameter("code") + "<br>");
        out.println("输入验证码:" + request.getParameter("inputedcode") + "<br>");
        out.println("</BODY>");
        out.flush();
        out.close();
    }
}
```

【LoginWithSession.java 源代码】

```java
import java.io.IOException;
import java.io.PrintWriter;
import javax.servlet.ServletException;
import javax.servlet.http.HttpServlet;
import javax.servlet.http.HttpServletRequest;
import javax.servlet.http.HttpServletResponse;
import javax.servlet.http.HttpSession;

public class LoginWithSession extends HttpServlet {

    public void doPost(HttpServletRequest request, HttpServletResponse response)
            throws ServletException, IOException {

        response.setContentType("text/html;charset=gb2312");
        PrintWriter out = response.getWriter();
        HttpSession session = request.getSession();
        out.println("<BODY><h2>通过 HttpSession 实现会话管理</h2><hr>");
        out.println("用户名:" + request.getParameter("username") + "<br>");
        out.println("密码: " + request.getParameter("password") + "<br>");
        out.println("系统验证码:" + session.getAttribute("code") + "<br>");
        out.println("输入验证码:" + request.getParameter("inputedcode") + "<br>");
        out.println("</BODY>");
        out.flush();
        out.close();
    }
}
```

【LoginWithCookie.java 源代码】

```java
import java.io.IOException;
import java.io.PrintWriter;

import javax.servlet.ServletException;
import javax.servlet.http.HttpServlet;
import javax.servlet.http.HttpServletRequest;
import javax.servlet.http.HttpServletResponse;
import javax.servlet.http.Cookie;

public class LoginWithCookie extends HttpServlet {
    public void doPost(HttpServletRequest request, HttpServletResponse response)
            throws ServletException, IOException {

        response.setContentType("text/html;charset=gb2312");
        PrintWriter out = response.getWriter();
        Cookie cookies[] = request.getCookies(); // 获取所有 Cookie
        String code = "";
        if (cookies != null) {
            for (int i = 0; i < cookies.length; ++i)
                // 遍历所有 Cookie
                if (cookies[i].getName().equals("code")) { // 找到
                    code = cookies[i].getValue();
                    break;
                }
        }
        out.println("<BODY><h2>通过 Cookie 实现会话管理</h2><hr>");
        out.println("用户名:" + request.getParameter("username") + "<br>");
        out.println("密码: " + request.getParameter("password") + "<br>");
        out.println("系统验证码:" + code + "<br>");
        out.println("输入验证码:" + request.getParameter("inputedcode") + "<br>");
        out.println("</BODY>");
        out.flush();
        out.close();
    }
}
```

【HttpSessionManagement.java 源代码】

```java
import java.io.IOException;
import java.io.PrintWriter;
import javax.servlet.ServletException;
import javax.servlet.http.HttpServlet;
import javax.servlet.http.HttpServletRequest;
import javax.servlet.http.HttpServletResponse;
import javax.servlet.http.HttpSession;

public class HttpSessionManagement extends HttpServlet {
    public void doGet(HttpServletRequest request, HttpServletResponse response)
            throws ServletException, IOException {

        response.setContentType("text/html;charset=gb2312");
        PrintWriter out = response.getWriter();
        int validationCode = (int) (Math.random() * 1000);
        HttpSession session = request.getSession();
        session.setAttribute("code", validationCode);
        out.println("<HTML>");
        out.println("<HEAD><TITLE>HttpSession</TITLE></HEAD>");
        out.println("<BODY><h2>通过 HttpSession 实现会话管理</h2><hr>");
        out.println("<form
action="+request.getContextPath()+"/servlet/LoginWithSession method=post>");
        out.println("用户名:<input type=text width=10 name=username
value=abc><br>");
        out.println("密码: <input type=password width=10 name=password
value=123><br>");
        out.println("验证码:<input type=text width=10 name=inputedcode>"+
validationCode);
        out.println("<input type=submit value=登录><br>");
        out.println("</form>");
        out.println("</BODY>");
        out.println("</HTML>");
        out.flush();
        out.close();
    }
}
```

【HiddenField.java 源代码】

```java
import java.io.IOException;
import java.io.PrintWriter;
import javax.servlet.ServletException;
import javax.servlet.http.HttpServlet;
import javax.servlet.http.HttpServletRequest;
import javax.servlet.http.HttpServletResponse;

public class HiddenField extends HttpServlet {
    public void doGet(HttpServletRequest request, HttpServletResponse response)
            throws ServletException, IOException {

        response.setContentType("text/html;charset=gb2312");
        PrintWriter out = response.getWriter();
        int validationCode = (int) (Math.random() * 1000);
        out.println("<HTML>");
        out.println("<HEAD><TITLE>隐藏域</TITLE></HEAD>");
        out.println("<BODY><h2>通过隐藏域实现会话管理</h2><hr>");
        out. println(" <form    action= " + request. getContextPath() + "/servlet /
LoginWithUrlRedirect method=post>");
        out.println("用户名:<input type=text width=10 name=username
value=abc><br>");
        out.println("密码: <input type=password width=10 name=password
value=123><br>");
        out.println("验证码:<input type=text width=10 name=inputedcode>"+
validationCode);
        out.println("<input type=hidden width=10 name=code value="+
validationCode + ">");
        out.println("<input type=submit value=登录><br>");
        out.println("</form>");
        out.println("</BODY>");
        out.println("</HTML>");
        out.flush();
        out.close();

    }
}
```

【CookieManagement.java 源代码】

```java
import java.io.IOException;
import java.io.PrintWriter;
import javax.servlet.ServletException;
import javax.servlet.http.HttpServlet;
import javax.servlet.http.HttpServletRequest;
import javax.servlet.http.HttpServletResponse;
import javax.servlet.http.Cookie;

public class CookieManagement extends HttpServlet {
    public void doGet(HttpServletRequest request, HttpServletResponse response)
            throws ServletException, IOException {

        response.setContentType("text/html;charset=gb2312");
        PrintWriter out = response.getWriter();
        int validationCode = (int) (Math.random() * 1000);
        Cookie myCookie = new Cookie("code", "" + validationCode);
        myCookie.setMaxAge(60 * 60); // 一小时
        response.addCookie(myCookie);
        out.println("<HTML>");
        out.println("<HEAD><TITLE>Cookie</TITLE></HEAD>");
        out.println("<BODY><h2>通过 Cookie 实现会话管理</h2><hr>");
        out.println("<form  action="+request.getContextPath()+"/servlet/LoginWithCookie
method=post>");
        out.println("用户名:<input type=text width=10 name=username
 value=abc><br>");
        out.println("密码: <input type=password width=10 name=password
value=123><br>");
        out.println("验证码:<input type=text width=10 name=inputedcode>"+
validationCode);
        out.println("<input type=submit value=登录><br>");
        out.println("</form>");
        out.println("</BODY>");
        out.println("</HTML>");
        out.flush();
        out.close();

    }
}
```

【web.xml配置代码】

```xml
<?xml version="1.0" encoding="UTF-8"?>
<web-app>
    <servlet>
        <description>
            This is the description of my J2EE component
        </description>
        <display-name>
            This is the display name of my J2EE component
        </display-name>
        <servlet-name>UrlRedirect</servlet-name>
        <servlet-class>UrlRedirect</servlet-class>
    </servlet>
    <servlet>
        <description>
            This is the description of my J2EE component
        </description>
        <display-name>
            This is the display name of my J2EE component
        </display-name>
        <servlet-name>HiddenField</servlet-name>
        <servlet-class>HiddenField</servlet-class>
    </servlet>
    <servlet>
        <description>
            This is the description of my J2EE component
        </description>
        <display-name>
            This is the display name of my J2EE component
        </display-name>
        <servlet-name>LoginWithUrlRedirect</servlet-name>
        <servlet-class>LoginWithUrlRedirect</servlet-class>
    </servlet>
    <servlet>
        <description>
            This is the description of my J2EE component
        </description>
        <display-name>
```

```
                This is the display name of my J2EE component
        </display-name>
        <servlet-name>CookieManagement</servlet-name>
        <servlet-class>CookieManagement</servlet-class>
    </servlet>
    <servlet>
        <description>
            This is the description of my J2EE component
        </description>
        <display-name>
            This is the display name of my J2EE component
        </display-name>
        <servlet-name>LoginWithCookie</servlet-name>
        <servlet-class>LoginWithCookie</servlet-class>
    </servlet>
    <servlet>
        <description>
            This is the description of my J2EE component
        </description>
        <display-name>
            This is the display name of my J2EE component
        </display-name>
        <servlet-name>HttpSessionManagement</servlet-name>
        <servlet-class>HttpSessionManagement</servlet-class>
    </servlet>
    <servlet>
        <description>
            This is the description of my J2EE component
        </description>
        <display-name>
            This is the display name of my J2EE component
        </display-name>
        <servlet-name>LoginWithSession</servlet-name>
        <servlet-class>LoginWithSession</servlet-class>
    </servlet>

<servlet-mapping>
    <servlet-name>UrlRedirect</servlet-name>
```

```
            <url-pattern>/servlet/UrlRedirect</url-pattern>
        </servlet-mapping>
        <servlet-mapping>
            <servlet-name>HiddenField</servlet-name>
            <url-pattern>/servlet/HiddenField</url-pattern>
        </servlet-mapping>
        <servlet-mapping>
            <servlet-name>LoginWithUrlRedirect</servlet-name>
            <url-pattern>/servlet/LoginWithUrlRedirect</url-pattern>
        </servlet-mapping>
        <servlet-mapping>
            <servlet-name>CookieManagement</servlet-name>
            <url-pattern>/servlet/CookieManagement</url-pattern>
        </servlet-mapping>
        <servlet-mapping>
            <servlet-name>LoginWithCookie</servlet-name>
            <url-pattern>/servlet/LoginWithCookie</url-pattern>
        </servlet-mapping>
        <servlet-mapping>
            <servlet-name>HttpSessionManagement</servlet-name>
            <url-pattern>/servlet/HttpSessionManagement</url-pattern>
        </servlet-mapping>
        <servlet-mapping>
            <servlet-name>LoginWithSession</servlet-name>
            <url-pattern>/servlet/LoginWithSession</url-pattern>
        </servlet-mapping>
        <welcome-file-list>
            <welcome-file>index.jsp</welcome-file>
        </welcome-file-list>
</web-app>
```

运行结果

（1）部署 Web 应用并启动 Tomcat 后，执行 index.jsp，运行结果如图 5-42 所示。

图 5-42   Servlet 会话管理实例启动界面

（2）点击"URL重写方法"超级链接，进入如图 5-43 所示界面，填入用户名为 abc、密码为 123、验证码为 111 后点击"登录"。

图 5-43   通过 URL 重写实现会话管理【1】

（3）点击"登录"后，显示结果如图 5-44 所示。可以看到正确接收到了数据。

图 5-44   通过 URL 重写实现会话管理【2】

（4）点击图 5-42 中的"隐藏表单域方法"超级链接，进入如图 5-45 所示界面。同样，输入用户名为 abc、密码为 123、验证码为 123 后点击"登录"。

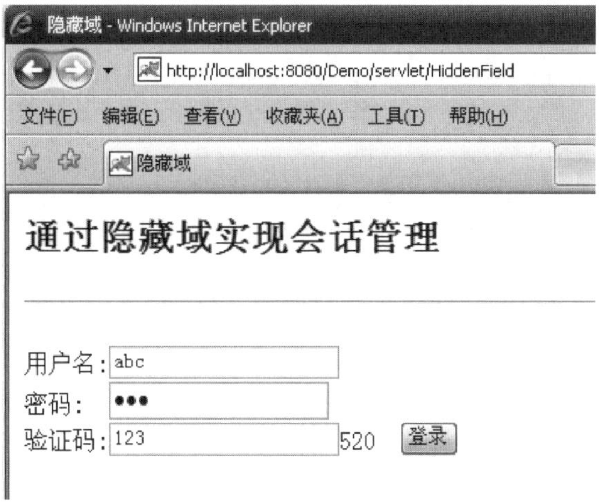

图 5-45　通过隐藏域实现会话管理【1】

（5）点击"登录"后，显示结果如图 5-46 所示。可以看出正确接收到了数据。

图 5-46　通过隐藏域实现会话管理【2】

（6）点击图 5-42 中"Cookie 方法"超级链接后，进入如图 5-47 所示界面。同样输入用户名为 abc、密码为 123、验证码为 123 后点击"登录"。

图 5-47　通过 Cookie 实现会话管理【1】

（7）点击"登录"后,显示结果如图 5-48 所示。可以看出正确接收到了上面输入的数据。

图 5-48　通过 Cookie 实现会话管理【2】

（8）点击图 5-42 中"HttpSession 方法"超级链接,进入如图 5-49 所示界面。同样,输入用户名为 abc、密码为 123、验证码为 226 后点击"登录"。

图 5-49　通过 HttpSession 实现会话管理【1】

（9）点击"登录"后,显示结果如图 5-50 所示。可以看出,正确接收到了上面输入的数据。

图 5-50　通过 HttpSession 实现会话管理【2】

至此,会话管理技术的实例就演示完毕,读者可结合实际应用进行使用。

5.9.6　实例6(重定向与请求分派)

本例演示重定向与请求分派操作,注意地址栏的变化情况。

新建 Web 应用,名为 Demo,新建一个 Servlet 文件,名为 Test.java,放在 cn.zmx 包下。同时新建首页 index.jsp。

【index.jsp 源代码】

```jsp
<%@ page contentType="text/html;charset=gb2312"%>
<html>
    <head>
        <title>首页</title>
    </head>
    <body>
        这是首页内容
    </body>
</html>
```

【Test.java 源代码】

```java
package cn.zmx;

import java.io.IOException;
import javax.servlet.RequestDispatcher;
import javax.servlet.ServletException;
import javax.servlet.http.HttpServlet;
import javax.servlet.http.HttpServletRequest;
import javax.servlet.http.HttpServletResponse;

public class Test extends HttpServlet {

    @Override
    protected void service(HttpServletRequest request, HttpServletResponse response)
            throws ServletException, IOException {
        response.sendRedirect(request.getContextPath()+"/index.jsp");
        return;
        /**
        RequestDispatcher rd = request.getRequestDispatcher("/index.jsp");
```

```
//使用request的时候/可有可无


        //RequestDispatcher rd =
this.getServletContext().getRequestDispatcher("/index.jsp");
//使用getServletContext()的时候必需加/


        rd.forward(request, response);
        */
    }


}
```

【web.xml配置代码】

```xml
<?xml version="1.0" encoding="UTF-8"?>
<web-app>
  <servlet>
    <servlet-name>Test</servlet-name>
    <servlet-class>cn.zmx.Test</servlet-class>
  </servlet>

  <servlet-mapping>
    <servlet-name>Test</servlet-name>
    <url-pattern>*.do</url-pattern>
  </servlet-mapping>
    <welcome-file-list>
        <welcome-file>index.jsp</welcome-file>
    </welcome-file-list>
</web-app>
```

运行结果

首先测试重定向操作,部署 Web 应用,启动 Tomcat,打开 IE 浏览器,输入 http://localhost:
8080/a.do 后,运行结果如图 5-51 所示。因为 servlet 中使用重定向技术,可以发现,最后地址
栏变成了 http://localhost:8080/Demo/index.jsp。

图 5-51 重定向

下面我们来测试请求分派操作,将 Test.java 中 service() 方法的代码改成如下:

```
RequestDispatcher rd = request.getRequestDispatcher("/index.jsp");
//使用 request 的时候/可有可无
//RequestDispatcher rd = this.getServletContext().getRequestDispatcher("/index.jsp");
//使用 getServletContext() 的时候必需加/
rd.forward(request, response);
```

重新部署并启动 Tomcat,同样输入 http://localhost:8080/a.do,运行结果如图 5-52 所示。可以看出,地址栏并没有变化。

图 5-52 请求分派

5.10 本章小结

本章向读者介绍了 Servlet 相关技术,包括"Servlet 编译、部署及运行方法,servlet 的生命周期,会话,过滤器,监听器以及请求分派和重定向的区别"等。这些都是本章的重要内容,并在章节中穿插了大量的实例,请读者务必上机演练加以掌握。

5.11 习 题

1.填空题

（1）Servlet 是一种（　　　）端的 Java 应用程序，具有独立于平台和协议的特性，可以生成动态的 Web 页面。

（2）Servlet 的映射需要配置在部署描述文件（　　　）中，两个元素分别为：（　　　）和（　　　）。

（3）在 Servlet 实例化之后，容器将调用 Servlet 的（　　　）方法初始化这个对象。

（4）请求分派和重定向是有区别的。其中（　　　）发起两次请求，URL 地址会变化；（　　　）发起一次请求后服务器端会转发请求，URL 地址不变。

2.简答题

（1）请简述 Servlet 生命周期的四个阶段及每个阶段的特点。

（2）请简述 Servlet 初始化参数的配置及获取方法。

（3）请简述 MVC 三层之间关系及主要功能。

3.实践题

（1）编写一个 Servlet 程序，对初始化参数和上下文初始化参数进行读取与显示。

（2）编写一个 Servlet 程序，用过滤器解决用户登录过程中输入的非法字符（如#、@等）。

第三篇　数据库应用

　　本篇仅此章:首先介绍数据库基础并对JDBC进行介绍,如何使用它来建立连接、如何利用它来发送SQL语句、如何获得SQL语句执行结果等;同时还对SQL语法进行了简要介绍,包括语句的分类,各种函数及查询等;接着对目前比较流行的数据库产品MySQL数据库进行了介绍,包括它的特性、命令行操作及GUI管理工具、JSP如何连接MySQL数据库等;除此之外,介绍了数据的各种操作:添加、删除、更新和查询;最后给出一个实际例子进行实际应用。

第6章

JSP 数据库操作

6.1 数据库基础

6.1.1 关系数据库简介

数字时代伊始,数据库就一直是商业计算的核心组成部分。事实上,关系数据库诞生于1970年。那一年,IBM 的研究员 E.F. Codd 撰写了一篇论文,概述了主要的创作过程。自此以后,关系数据库日益流行,并最终成为标准。

最初的时候,数据库是扁平的。这意味着,信息存储在一个很长的文本文件中,该文件称为制表符分隔文件。在制表符分隔文件中,每个条目都由竖线(|)等特殊字符分隔开来。每个条目都包含了某个特定对象或人员的多条信息,每条信息称为字段。这些字段组合在一起,称为记录。文本文件的形式使得人们很难搜索特定信息,也很难创建仅包含每条记录中的某些特定字段的报表。以下这个示例便是由扁平数据库创建的文件:

> 姓名, 年龄, 工资|张三, 35, 1000|李四, 28, 3000|王五, 41, 2000|赵六, 48, 2500

可以看出,你必须按顺序搜索整个文件才能搜集到相关信息,例如年龄或工资。而通过使用关系数据库,你就可以轻松地找到特定信息。它还允许你根据任意字段进行排序,以及生成仅包含每条记录中的某些特定字段的报表。关系数据库使用表来存储信息。标准的字段和记录表示成表中的列(字段)和行(记录)。请看以下示例:

姓名	年龄	工资
张三	35	1000
李四	28	3000
王五	41	2000
赵六	48	2500

在这个关系数据库示例中,由于数据以列的形式排列,因此可以快速比较工资和年龄。关系数据库模型利用这种统一性,根据来自现有表中的所需信息构建全新的表。换句话说,它利用相似数据的关系来提高数据库的速度和通用性。

由于其他表的存在,该数据库名称中所指的"关系"部分得以发挥作用。典型的关系数据库通常具有 10 到 1000 多个表。每个表都包含一个或多个特殊的列,且其他表可以使用这些列作为键,以便从相应的表中搜集信息。请看下面这个表,它将上一个表的"姓名"一列的名称与姓名的工号进行匹配。

姓名	工号
张三	001
李四	002
王五	003
赵六	004

通过将这些信息存储在另一个表中,数据库可以再创建一个较小的表,其中的工号信息可由数据库中的其他表用于各种目的。典型的大型数据库,如亚马逊这样的大型网站所拥有的数据库,都包含数百或数千个类似的表,它们共同发挥作用,以便在任何时候都能快速找到所需的确切信息。

关系数据库是使用特殊的编程语言创建的,这种语言称为结构化查询语言(SQL),它是数据库互用性的标准。SQL 是当今所有流行数据库应用程序的基础——从 Access 到 Oracle,无一例外。

6.1.2 SQL Server 数据库

SQL Server 是由 Microsoft 开发和推广的关系数据库管理系统(DBMS),它最初是由 Microsoft、Sybase、Ashton-Tate 等三家公司共同开发的,并于 1988 年推出了第一个在 OS/2 版本上运行的 SQL Server 系统。

1992 年 Sybase 和 Microsoft 这两家公司将 SQL Server 移植到了 Windows NT 操作系统上,后来 Microsoft 致力于 Windows NT 平台的 SQL Server 的开发,而 Sybase 则专注于 SQL Server 在 UNIX 上的应用。

在 Microsoft SQL Server 的发展历程中有两个版本具有重要的意义,即在 1996 年推出的 SQL Server 6.5 版本和在 2000 年 8 月推出的 SQL Server 2000 版本。6.5 版本使得 SQL Server 得到广泛的应用,而 2000 版本在功能和易用性上有很大的增强,并推出了简体中文版,它包括企业版、标准版、开发版和个人版等 4 个版本。

6.1.3 Oracle 数据库

Oracle 是以高级结构化查询语言(SQL)为基础的大型关系数据库,通俗地讲它是用方便逻辑管理的语言操纵大量有规律数据的集合。是目前最流行的客户/服务器(Client/Server)体系结构的数据库之一。

1.特点

（1）Oracle 7.X 以来引入了共享 SQL 和多线索服务器体系结构。这减少了 Oracle 的资源占用,并增强了 Oracle 的能力,使之在低档软硬件平台上用较少的资源就可以支持更多的用户,而在高档平台上可以支持成百上千个用户。

（2）提供了基于角色（Role）分工的安全保密管理。在数据库管理功能、完整性检查、安全性、一致性方面都有良好的表现。

（3）支持大量多媒体数据,如二进制图形、声音、动画以及多维数据结构等。

（4）提供了与第三代高级语言的接口软件 PRO*系列,能在 C,C++等主语言中嵌入 SQL 语句及过程化(PL/SQL)语句,对数据库中的数据进行操纵。加上它有许多优秀的前台开发工具如 POWER BUILD、SQL*FORMS、VISIA BASIC 等,可以快速开发生成基于客户端 PC 平台的应用程序,并具有良好的移植性。

（5.提供了新的分布式数据库能力。可通过网络较方便地读写远端数据库里的数据,并有对称复制的技术。

2.存储结构

（1）物理结构。Oracle 数据库在物理上是存储于硬盘的各种文件。它是活动的,可扩充的,随着数据的添加和应用程序的增大而变化。

如图 6-1 所示,为 Oracle 数据库扩充前后在硬盘上存储结构的示意图。

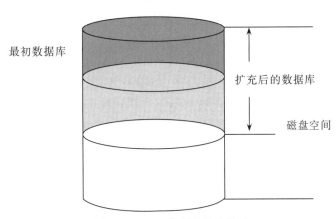

图6-1 Oracle数据库扩充前后

（2）逻辑结构。Oracle 数据库在逻辑上是由许多表空间构成。主要分为系统表空间和非系统表空间。非系统表空间内存储着各项应用的数据、索引、程序等相关信息。我们准备上马一个较大的 Oracle 应用系统时,应该创建它所独占的表空间,同时定义物理文件的存放路径和所占硬盘的大小。

如图 6-2 所示,为 Oracle 数据库逻辑结构与物理结构的对照关系。

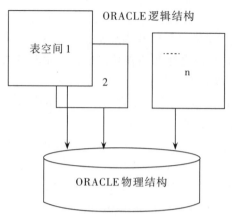

图 6-2　ORACLE 数据库逻辑/物理结构对照

6.1.4　MySQL 数据库

MySQL 是一个小型关系型数据库管理系统,开发者为瑞典 MySQL AB公司。在 2008 年 1月 16号被 SUN公司收购。目前 MySQL 被广泛地应用在 Internet 上的中小型网站中。由于其体积小、速度快、总体拥有成本低,尤其是开放源码这一特点,许多中小型网站为了降低网站总体拥有成本而选择了 MySQL作为网站数据库。

目前,MySQL 的官方网站的网址是:www.mysql.com。

1.MySQL 的特性

与其他的大型数据库(如 Oracle、DB2、SQL Server 等)相比,MySQL 自有它的不足之处,如规模小、功能有限(MySQL Cluster 的功能和效率都相对比较差)等,但是这丝毫没有减少它受欢迎的程度。对于一般的个人使用者和中小型企业来说,MySQL 提供的功能已经绰绰有余,而且由于 MySQL 是开放源码软件,因此可以大大降低总体拥有成本。

总结起来,MySQL 大致有以下几个特性:

(1)使用 C 和 C++编写,并使用了多种编译器进行测试,保证源代码的可移植性;

(2)支持 AIX、FreeBSD、HP-UX、Linux、Mac OS、Novell Netware、OpenBSD、OS/2 Wrap、Solaris、Windows 等多种操作系统;

(3)为多种编程语言提供了 API。这些编程语言包括 C、C++、Eiffel、Java、Perl、PHP、Python、Ruby 和 Tcl 等;

(4)支持多线程,充分利用 CPU 资源;

(5)优化的 SQL 查询算法,有效地提高查询速度;

(6)既能够作为一个单独的应用程序应用在客户端服务器网络环境中,也能够作为一个库而嵌入到其他的软件中提供多语言支持,常见的编码如中文的 GB2312、BIG5,日文的 Shift_JIS 等都可以用作数据表名和数据列名;

(7)提供 TCP/IP、ODBC 和 JDBC 等多种数据库连接途径;

(8)提供用于管理、检查、优化数据库操作的管理工具;

(9)可以处理拥有上千万条记录的大型数据库。

2.MySQL 的管理

可以使用命令行工具管理 MySQL 数据库,也可以从 MySQL 的网站下载图形管理工具 MySQL Administrator 和 MySQL Query Browser。

phpMyAdmin 是由 php 写成的 MySQL 数据库管理程序,让管理者可用 Web 界面管理 MySQL 数据库。

另外,还有其他的 GUI 管理工具,例如早先的 mysql-front 以及 ems mysql manager、navicat、SQLyog 等。

3.MySQL 中建数据库、数据表

本书采用的 MySQL 数据库版本是 mysql-5.0.18(在百度里搜索 mysql-5.0.18-win32.zip 下载安装即可),限于篇幅,具体的 MySQL 数据库安装方法本书就不做介绍,读者如有疑问可以自行查找相关安装教程。

这里假设 MySQL 数据库安装好后的登录密码为 123456,用户名为 root。

首先我们介绍一下命令行方式完成建数据库、数据表的操作。

依次点击"开始→程序→MySQL→MySQL Server 5.0→MySQL Command Line Client"进入命令行客户端,如图 6-3 所示。

图 6-3 命令行客户端【1】

在图 6-3 所示,我们输入上面假设的管理员密码 123456,进入如图 6-4 所示界面。

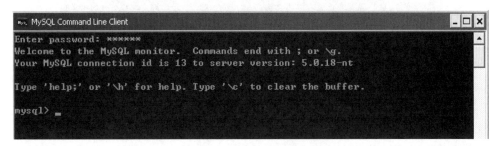

图 6-4 命令行客户端【2】

进到图 6-4 所示界面后,我们就可以使用命令行方式进行数据库和数据库表的创建了。

首先我们创建一个名为 Demo 的数据库,我们在图 6-4 所示的光标处输入"create database Demo;"并回车,如图 6-5 所示,如看到"Query OK,1 row affected"等信息,就表示创建成功。

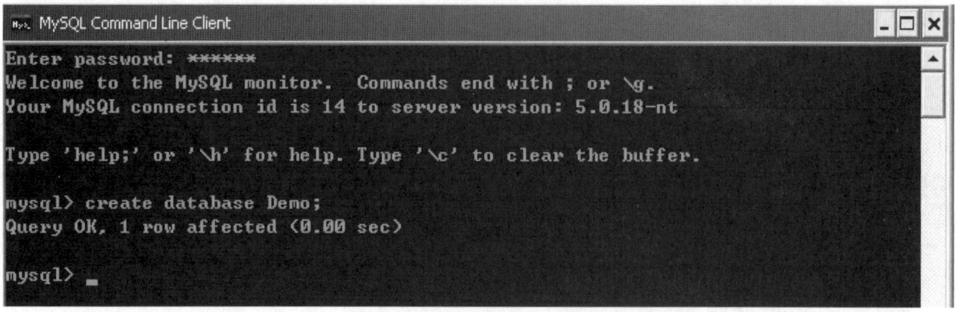

图6-5　命令行客户端【3】

下面我们查看刚新建的数据库,输入命令"show databases;",如图6-6所示,可以看到demo的数据库在其中。

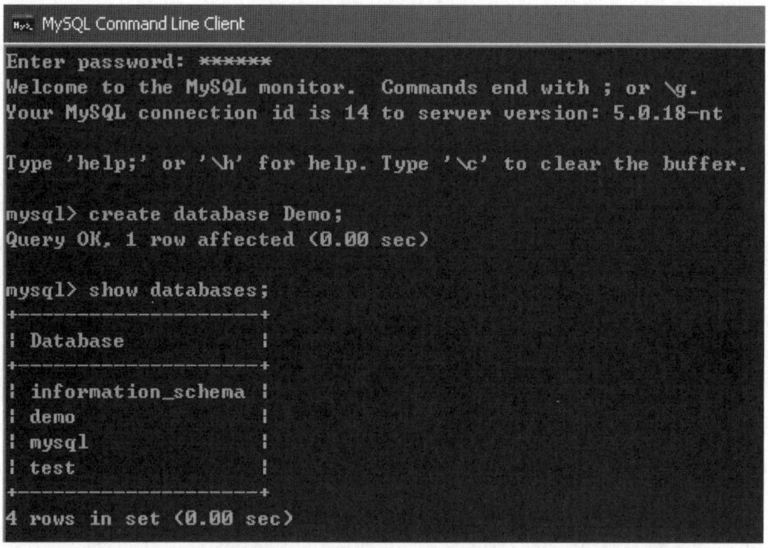

图6-6　命令行客户端【4】

下面在刚刚新建的demo数据库中新建一个名为t1的数据表,表字段有两个,分别为name和sex。

在图6-6中依次输入下面两个命令:

步骤1:输入"use demo;"后会显示"Database changed"信息,说明数据库切换成功。

步骤2:输入"CREATE TABLE t1(name VARCHAR(20), sex CHAR(1));"。

运行上面两个命令后,显示结果如图6-7所示。

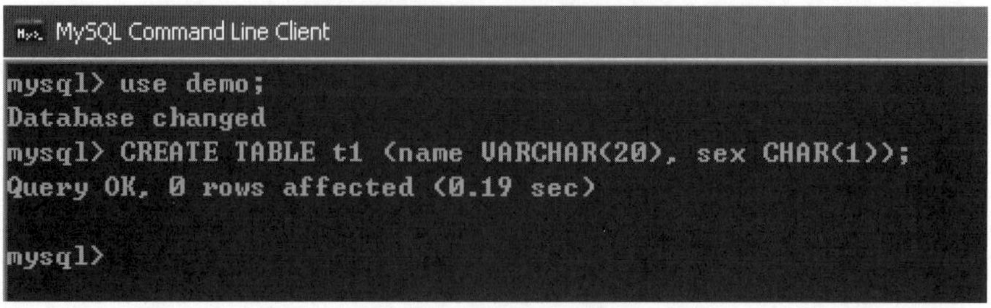

图6-7　命令行客户端【5】

显示刚新建的表,输入命令"show tables;",结果如图6-8所示。

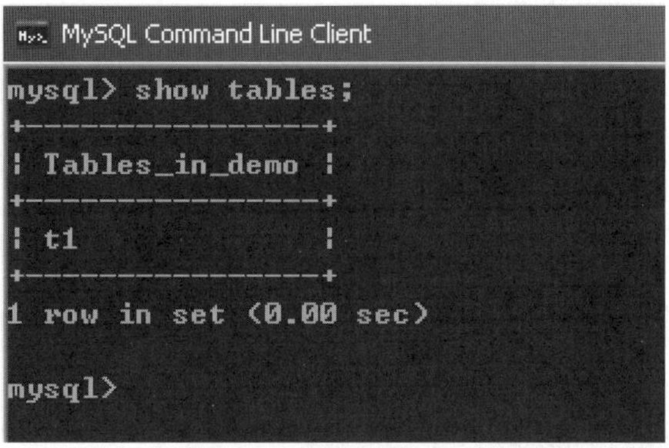

图6-8 命令行客户端【6】

进一步查看表t1的结构,输入命令"DESCRIBE t1;",结果如图6-9所示。

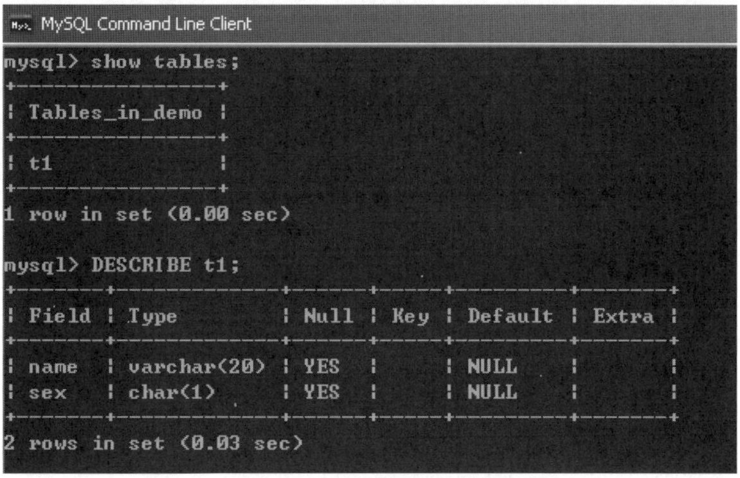

图6-9 命令行客户端【7】

以上是关于命令行的一些操作方法,实际上命令还有很多,如插入、更新等,感兴趣的读者可以自己查找相关资料进行练习。

简单起见,我们采用SQLyog Enterprise作为GUI管理工具。SQLyog Enterprise的安装这里也不做介绍,读者可参照网上相关安装帮助。

下面,再介绍如何用GUI管理工具完成数据库和表的创建。

启动SQLyog Enterprise软件,看到如图6-10所示界面,输入用户名和密码分别为root和123456(安装MySQL时设置的用户名和密码)。

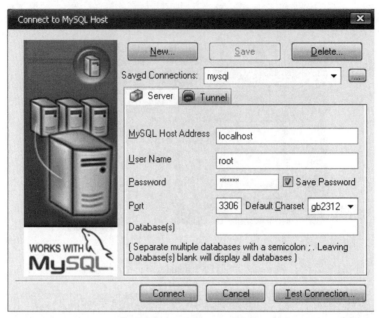

图 6-10　GUI 管理工具【1】

　　点击"Connect"按钮,进入界面,如图 6-11 所示。在图 6-11 中,左边显示的是已有的 4 个数据库;右上部分可以直接输入 SQL 语句进行相关操作,相当于 SQL Server 2000 的查询分析器;右下部分是显示的结果。

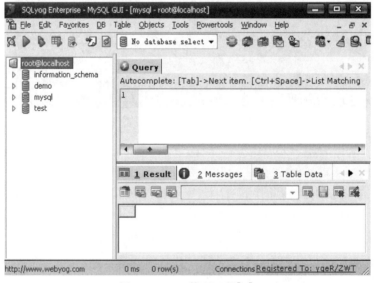

图 6-11　GUI 管理工具【2】

　　(1)数据库创建。点击菜单"DB→Create Database",如图 6-12 所示。点击后,进入如图 6-13 所示界面。

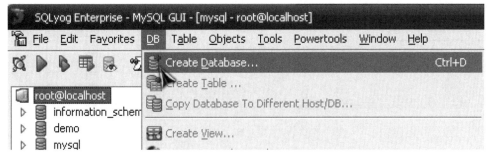

图 6-12 GUI管理工具【3】

图 6-13 GUI管理工具【4】

输入数据库名字即可完成数据库的创建工作。

（2）数据表创建。假如上面新建的数据库名为 db，那么要在 db 内创建数据表，方法就很简单了，只要右击数据库 db，如图 6-14 所示，再选择"Create Table"即可。

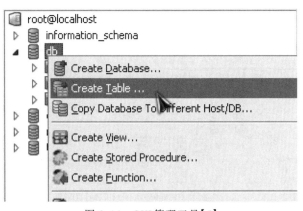

图 6-14 GUI管理工具【5】

之后进入表字段设计的界面，如图 6-15 所示。

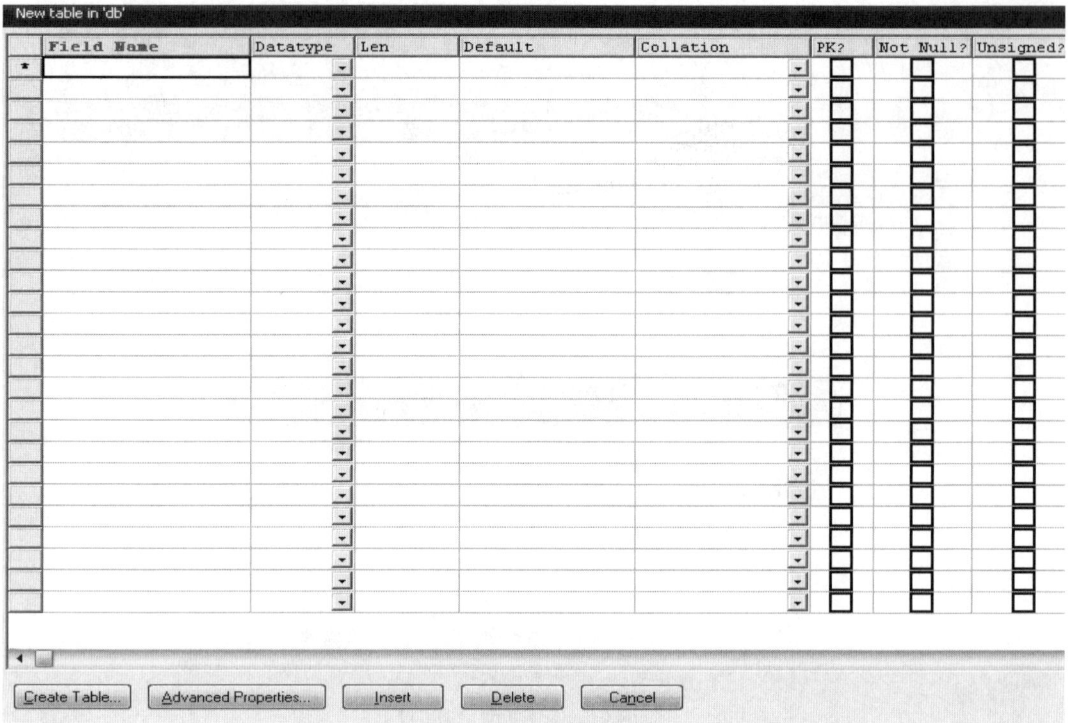

	Field Name	Datatype	Len	Default	Collation	PK?	Not Null?	Unsigned?
*								

图 6-15　GUI 管理工具【6】

这里我们输入第一个字段名为 name,类型为 varchar,长度为 20;第二个字段名为 sex,类型为 char,长度为 1。

之后点击"Create Table"按钮,在弹出的对话框中输入表的名字为 t1。点击 OK 完成表的创建。

最后,我们可以展开数据库 db 下的表 t1,可以看到字段结构,如图 6-16 所示。

图 6-16　GUI 管理工具【7】

以上就是通过 GUI 管理工具完成的数据库和数据表的创建过程。

6.2　JDBC 简介

6.2.1　什么是 JDBC

JDBC（Java DataBase Connectivity, java 数据库连接）是一种用于执行 SQL 语句的 Java API,可以为多种关系数据库提供统一访问,它由一组用 Java 语言编写的类和接口组成。JDBC 为数据库开发人员提供了一个标准的 API,据此可以构建更高级的工具和接口,使数据库开发人员能够用纯 Java API 编写数据库应用程序。

有了 JDBC,向各种关系数据发送 SQL 语句就是一件很容易的事。程序员只需用 JDBC API 写一个程序,而不用为专门数据库写专门程序,另外,还可以很好地利用 JAVA 的"一次编译、到处运行"的优势,编写的数据库应用程序不需要考虑平台相关性。

6.2.2　JDBC 的用途

一般来说,JDBC 可以完成以下工作:
（1）和一个数据库建立连接;
（2）向数据库发送 SQL 语句;
（3）处理数据库返回的结果。

```
Connection con = DriverManager.getConnection("jdbc:odbc:数据源名","登录名","登录密码");
Statement stmt = con.createStatement();
ResultSet rs = stmt.executeQuery("SELECT a,b FROM Table1");
while(rs.next()){
    int x = rs.getInt("a");
    String s = rs.getString("b");
}
```

上面的代码就是对于 JDBC 数据库应用方面的一个经典总结。暂时不展开,详细介绍在本书下面会加以介绍。

6.2.3　JDBC 的类型

目前,比较常见的 JDBC 驱动程序可分为以下 4 种类型:
1.JDBC-ODBC 桥加 ODBC 驱动程序
一个 JDBC-ODBC 桥驱动程序提供了一个或多个 ODBC 驱动程序的 JDBC API,它将 JDBC 请求转换为 ODBC 请求,因此在每个数据库的客户端都必须安装 ODBC 驱动程序,这种方式不适合远程访问数据库。

2.本地 API 结合 Java 驱动程序

这种类型的驱动程序它将对 JDBC API 的调用转换为 Oracle、Sybase、Informix、DB2 或其他数据库客户端 API 的调用。

3.JDBC 网络协议纯 Java 驱动程序

这种驱动程序将 JDBC 转换为与 DBMS 无关的网络协议,之后这种协议又被某个服务器转换为一种 DBMS 协议。这种网络服务器中间件能够将它的纯 Java 客户机连接到多种不同的数据库上。

4.本地协议纯 Java 驱动程序

这种类型的驱动程序将 JDBC 调用直接转换为 DBMS 所使用的网络协议。这将允许从客户机机器上直接调用 DBMS 服务器,是 Intranet 访问的一个很实用的解决方法。

第 3 类和第 4 类驱动程序将成为 JDBC 访问数据库的首选方法。第 1 类和第 2 类驱动程序在直接的纯 Java 驱动程序还没有上市前会作为过渡方案来使用。

6.2.4 JDBC 的入门

本节内容主要讲解 JDBC 如何与数据库建立一个连接、如何向数据库发送 SQL 语句、如何处理数据库返回的结果。

1.建立连接

建立一个连接又包含 2 个步骤:加载驱动程序、建立连接。

(1)加载驱动程序。大多数的数据库产品都有相应的 JDBC 驱动程序 jar 包,我们只需上网下载相应的驱动程序即可。下载完成后导入工程内,加载驱动程序很简单,只需一行代码。

例如,你想要使用 JDBC-ODBC 桥驱动程序,可以用下列代码装载它:

```
Class.forName("sun.jdbc.odbc.JdbcOdbcDriver");
```

一般来讲,当你下载了某数据库产品对应的 JDBC 驱动程序 jar 包,都会有相应的文档说明,会告诉你应该使用什么类名加以驱动。

比如:驱动程序类名为 com.microsoft.jdbc.sqlserver.SQLServerDriver,那么将用以下的代码装载驱动程序:

```
Class.forName("com.microsoft.jdbc.sqlserver.SQLServerDriver");
```

实际上,上面的 com.microsoft.jdbc.sqlserver.SQLServerDriver 是 SQL Server 2000 数据库的 JDBC 驱动程序类的其中一种写法。读者在实际的应用中,驱动程序类的写法要严格按照相应的文档说明。

比如:驱动程序类名为 org.gjt.mm.mysql.Driver,那么将用以下的代码装载驱动程序:

```
Class.forName("org.gjt.mm.mysql.Driver");
```

实际上,上面的 org.gjt.mm.mysql.Driver 是 MySQL 数据库的 JDBC 驱动程序类的其中一种写法。

这里,我们不需要创建驱动程序类的实例,是由驱动管理器类(即 DriverManager 类)去登记它。调用了 Class.forName()后会自动加载驱动程序类。

加载了驱动后,接下来我们就可以建立与数据库的连接。

(2)建立连接。下面就是用适当的驱动程序类与数据库建立连接。

下面是一般的格式:

```
Connection conn = DriverManager.getConnection(url, "username", "password");
```

这里有3个参数,第二、三个参数比较简单,就是提供登录数据库管理系统的用户名和密码,关键是第一个 url 比较难。

如果直接采用第三方 JDBC 驱动程序,那么 url 的形式要由根据特定的 JDBC 驱动程序决定。

比如,连接 MySQL 数据库,那么 url 的形式如下:

```
"jdbc:mysql://127.0.0.1/jspdev?useUnicode=true&characterEncoding=gb2312"
```

此时,如果登录 DBMS 的用户名和密码分别为 admin 和 123,那么建立连接的代码形式如下:

```
String url="jdbc:mysql://127.0.0.1/db ";
Connection conn = DriverManager.getConnection(url, "admin", "123");
```

比如,连接 SQL Server 2008 数据库,那么 url 的形式如下:

```
"jdbc:sqlserver://localhost:1433;DatabaseName=down"
```

此时,如果登录 DBMS 的用户名和密码分别为 admin 和 123,那么建立连接的代码形式就如下:

```
String url="jdbc:sqlserver://localhost:1433;DatabaseName=down";
Connection conn = DriverManager.getConnection(url, "admin", "123");
```

注意:采用第三方 JDBC 驱动程序的时候,url 中都会给出定位数据库的信息,否则无法定位到具体数据库。

此时,如果我们之前加载的驱动程序识别了这里给出的 url,驱动程序就会根据 url 建立一个到指定数据库的连接。期间,DriverManager 管理着建立连接的所有细节,我们不需要关心,跟我们有关的仅仅的调用 DriverManager 的一个 getConnection 方法返回一个连接。

DriverManager.getConnection 是返回一个打开的连接,接下去我们就可以利用这个 conn

对象(即返回的连接)创建 JDBC Statement 对象并发送 SQL 语句到数据库。

连接使用完毕后,我们应该要及时地调用 close 方法关闭连接。

2. 向数据库发送 SQL 语句

主要是利用上面返回的连接对象创建 Statement 对象,接着是利用 Statement 对象的各个方法执行不同的 SQL 语句,从而实现对数据库的不同操作。

实际上有三种 Statement 对象:Statement、PreparedStatement(它从 Statement 继承而来)和 CallableStatement(它从 PreparedStatement 继承而来)。它们都专用于发送特定类型的 SQL 语句:

①Statement 对象用于执行不带参数的简单 SQL 语句;

②PreparedStatement 对象用于执行带或不带 IN 参数的预编译 SQL 语句;

③CallableStatement 对象用于执行对数据库存储过程的调用。

(1)创建 Statement 对象。Statement 对象用数据库连接对象调用 createStatement 方法创建。

如下面代码所示:

```
Connection  conn=DriverManager.getConnection(url,user,password);
Statement  stmt=conn.createStatement();
```

为了执行 Statement 对象,SQL 语句将作为参数提供给它的方法调用:

```
String sql="select  *  from  admin";
ResultSet  rs=stmt.executeQuery(sql);
```

上面代码返回一个记录集,包含了检索出的所有数据。

(2)使用 Statement 对象执行语句。Statement 接口提供了三种执行 SQL 语句的方法:executeQuery、executeUpdate 和 execute。使用哪一个方法由 SQL 语句所产生的内容决定。

①executeQuery。用于产生单个结果集的语句,例如 SELECT 语句。

②executeUpdate。用于执行 INSERT、UPDATE 或 DELETE 语句以及 SQL DDL(数据定义语言)语句。

例如 CREATE TABLE 和 DROP TABLE。INSERT、UPDATE 或 DELETE 语句的效果是修改表中零行或多行中的一列或多列。

executeUpdate 的返回值是一个整数,指示受影响的行数(即更新计数)。对于 CREATE TABLE 或 DROP TABLE 等不操作行的语句,executeUpdate 的返回值总为零。

③execute。用于执行返回多个结果集、多个更新计数或二者组合的语句。

应注意,继承了 Statement 接口中所有方法的 PreparedStatement 接口都有自己的 executeQuery、executeUpdate 和 execute 方法。Statement 对象本身不包含 SQL 语句,因而必须给 Statement.execute 方法提供 SQL 语句作为参数。

PreparedStatement 对象并不将 SQL 语句作为参数提供给这些方法,因为它们已经包含预编译 SQL 语句。

CallableStatement 对象继承这些方法的 PreparedStatement 形式。对于这些方法的

PreparedStatement 或 CallableStatement 版本,使用查询参数将抛出 SQLException。

(3)语句完成。当连接处于自动提交模式时,其中所执行的语句在完成时将自动提交或还原。语句在已执行且所有结果返回时,即认为已完成。对于返回一个结果集的 executeQuery 方法,在检索完 ResultSet 对象的所有行时该语句完成。对于方法 executeUpdate,当它执行时语句即完成。但在少数调用方法 execute 的情况中,在检索所有结果集或它生成的更新计数之后语句才完成。

(4)关闭 Statement 对象。Statement 对象将由 Java 垃圾收集程序自动关闭。而作为一种好的编程风格,应在不需要 Statement 对象时显式地关闭它们,将立即释放资源,有助于避免潜在问题。

3.处理数据库返回的结果

如果是查询数据,那么返回的是一个记录集,我们就需要对记录集进行处理。

SQL 语句对数据库的查询操作将返回一个 ResultSet 对象,ResultSet 对象是以统一形式的列组织的数据行组成。ResultSet 对象一次只能看到一个数据行,使用 next()方法走到下一数据行,获得一行数据后,ResultSet 对象可以使用 getxxxx 方法获得字段值,将位置索引(第一列使用 1,第二列使用 2 等)或字段名传递给 getxxxx 方法的参数。

如表 6-1 所示,是 ResultSet 对象的若干方法。

表 6-1 ResultSet 对象的若干方法

返回类型	方法名称
boolean	next()
byte	getByte(int columnIndex)
Date	getDate(int columnIndex)
double	getDouble(int columnIndex)
float	getFloat(int columnIndex)
int	getInt(int columnIndex)
long	getLong(int columnIndex)
String	getString(int columnIndex)
byte	getByte(String columnName)
Date	getDate(String columnName)
double	getDouble(String columnName)
float	getFloat(String columnName)
int	getInt(String columnName)
long	getLong(String columnName)
String	getString(String columnName)

例如,返回一个名为 rs 的记录集,那么循环输出每条记录的第一个字段和第二个字段的内容,代码如下:

```
while(rs.next()){%>
第一个字段内容为:<%=rs.getString(1)%><br>
第二个字段内容为:<%=rs.getString(2)%><br>
<%}%>
```

如果是执行更新操作,那么返回的是受影响的行数。比如往数据表插入一条记录,那么最后会返回一个整数1(如果将executeUpdate执行后结果赋值给某个变量的话),代码如下:

```
String sql="INSERT INTO table1 VALUES (对应的字段列表值)"
stmt.executeUpdate(sql);
```

6.3   JSP中使用数据库

6.3.1   数据库的连接过程

数据库的连接过程就是一个"利用JDBC与数据库建立一个连接、向数据库发送SQL语句以及处理数据库返回的结果"的过程。关于数据库的连接过程,具体细节内容请查看本书的"6.2.4   JDBC的入门"章节。

6.3.2   几种数据库的连接

1.JSP连接MySQL数据库

(1)安装JDBC驱动。由于My SQL数据库版本是mysql-5.7.17,所以我们也要找到相应的JDBC驱动版本,这里使用的是mysql-connector-java-5.0.3-bin.jar(可以在百度等搜索引擎搜索或直接进到网页http://dev.mysql.com/downloads/connector/j/5.0.html下载)。

安装方法非常简单,我们只要将mysql-connector-java-5.0.3-bin.jar文件整个拷贝到新建的Web工程内的"\WEB-INF\lib"下即可,然后在IDEA开发环境下右键点击Web工程刷新即可看到导入的JDBC驱动。

安装这个JDBC驱动的目的是能够让JSP找到连接mysql数据库的驱动。

(2)操作实践。新建Web工程,名为Demo,将mysql-connector-java-5.0.3-bin.jar拷贝到Web工程的"\WEB-INF\lib"内,再新建一个JSP页面,用于测试。连接的数据库是上面用命令行创建的demo数据库,里面含有一个表t1。

【index.jsp源代码】

```
<%@ page language="java" import="java.sql.*" pageEncoding="gb2312"%>
<html>
    <body>
            以下是从Mysql数据库读取的数据：
            <hr>
            <table  border=1>
                    <tr>
                            <td>用户名</td>
                            <td>性别</td>
                    </tr>
                    <%
Class.forName("org.gjt.mm.mysql.Driver");
Connection con= DriverManager.getConnection(
            "jdbc:mysql:/localhost:3306/demo ","root","123");
Statement  stmt=con.createStatement();
 ResultSet rst=stmt.executeQuery("select  *  from  t1;");
 while(rst.next())
 {
      out.println("<tr>");
      out.println("<td>"+rst.getString("name")+"</td>");
      out.println("<td>"+rst.getString("sex")+"</td>");
      out.println("</tr>");
 }
 //关闭连接、释放资源
 rst.close();
 stmt.close();
 con.close();
 %>
            </table>
    </body>
</html>
```

运行结果

运行结果如图6-17所示。

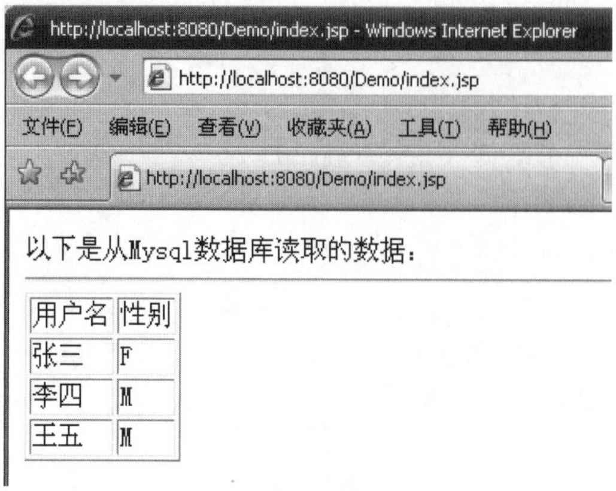

图6-17   连接 MySQL 数据库

以上就是连接 MySQL 数据库的测试页面。

3.JSP 连接 SQL Server 2008 数据库

（1）新建表。新建数据库，命名为 db，新建表和表结构和上面 MySQL 一致，并添加相同几组数据。

（2）操作实践如下。

【index.jsp 源代码】

```
<%@ page language="java" import="java.sql.*"
                          contentType = "text/html;charset=gb2312" %>
<%Class.forName("com.microsoft.sqlserver.jdbc.SQLServerDriver");
String url="jdbc:sqlserver://localhost:1433;DatabaseName=db";
String user="sa"; //数据库用户名
String password="123";//数据库密码
Connection conn=DriverManager.getConnection(url,user,password);
Statement stmt=conn.createStatement();
String sql="select * from t2";
ResultSet rs=stmt.executeQuery(sql);
while(rs.next()){%>
第一个字段内容为:<%=rs.getString(1)%><br>
第二个字段内容为:<%=rs.getString(2)%><br>
<%}%>
<%
rs.close();
stmt.close();
conn.close();
%>
```

运行结果

运行结果如图6-18所示。

图6-18　连接SQL Server2008数据库

6.4　数据操作

本节介绍数据的4大基本操作:查询、更新、添加和删除。读者需务必掌握,以后大部分的应用系统都会用到这4大基本操作,只要掌握了这些操作,写出一个实际的应用程序就会变得简单。

为了便于本节的各种数据操作,这里新建一个名为demo的MySQL数据库进行演示。demo数据库中新建一个表student,表中有4个字段,如图6-19所示。

对象		student@demo (localhost)						

					字段	索引	外键	触发器	选项	注释	SQL 预览

名	类型		长度	小数点	不是 null	虚拟	键	注释
id	int	↕	11	0	☑	☐	🔑	关键字ID
username	char	↕	20	0	☐	☐		姓名
math	int	↕	11	0	☐	☐		数学
english	int	↕	11	0	☐	☐		英语

图6-19　student表结构

连接代码如下:

```
Class.forName("org.gjt.mm.mysql.Driver ");
String  url= jdbc:mysql://localhost:3306/demo";
// 用户名root,密码123
Connection  conn = DriverManager.getConnection(url,"root","123");
```

本节的所有操作都要用到这个连接对象conn,所以提到开头部分来写。本节里面凡是提到连接对象conn就是指这里创建的数据库连接对象。

6.4.1　添加记录

要添加记录到数据库,必须首先建立与数据库的连接,这里直接使用已创建好的连接对象 conn,使用上面创建的 conn 对象调用方法 createStatement()创建 Statement 对象。

```
Statement stmt=conn.createStatement();
```

接着再利用 stmt 对象调用 executeUpdate 方法来执行 insert 语句。

【例 6-1】在 Web 应用 Demo 中新建一个文件夹 score,里面全部存放以 MySQL 数据库为存储数据的成绩管理模块,新建一个 insert.jsp 作为数据添加页面,所有代码都在 insert.jsp 内完成。

【insert.jsp 源代码】

```
<%@ page language="java" import="java.sql.*" pageEncoding="gb2312"%>
<html>
    <body>
        插入数据到 MySQL 数据库:
        <hr>
        <%   //加载驱动
            Class.forName("org.gjt.mm.mysql.Driver ");
            String url= jdbc:mysql://localhost:3306/demo";
            // 用户名 root,密码 123
            Connection conn = DriverManager.getConnection(url,"root","123");
            Statement stmt = conn.createStatement();//创建 Statement 对象
    String sql = "insert into student(username,math,english) values('张三',80,90)";
            stmt.executeUpdate(sql);
            //关闭连接、释放资源
            stmt.close();
            conn.close();
        %>
    </body>
</html>
```

运行结果

部署 Web 应用,启动 Tomcat 后执行 insert.jsp,接着打开数据库中的 student 表,可以看到数据已经正常地插入到了表中,如图 6-20 所示。

id	username	math	english	
1	张三	80	90	

图 6-20　添加数据

同样，我们修改插入数据内容，并多次执行insert.jsp后，可以发现数据表中插入了多条数据，如图 6-21 所示。

id	username	math	english	
1	张三	80	90	
2	李四	70	90	
3	王五	77	80	
4	赵六	87	70	
5	赵五	77	70	
6	赵四	79	60	
7	老李	99	70	
8	张六	59	70	

图 6-21　添加多条数据后结果

6.4.2　查询记录

要查询数据库中的记录，必须首先建立与数据库的连接。

使用上面创建的 conn 对象调用方法 createStatement() 创建 Statement 对象。

```
Statement  stmt=conn.createStatement();
```

最后利用 stmt 对象调用 executeQuery 方法进行查询。

```
ResultSet  rs=sql.executeQuery("SELECT  *  FROM  student");
```

返回一个记录集对象 rs，该对象一次只能看到一行数据，使用 next() 方法到下一行数据，获得一行数据后，rs 可以使用 getxxxx 方法获得字段值，将位置索引（第一列使用1，第二列使用2等等）或字段名传递给 getxxxx 方法的参数。

1.顺序查询

使用结果集的 next() 方法，可以顺序地查询。一个结果集将游标最初定位在第一行的前面，第一次调用 next() 方法使游标移动到第一行。next() 方法返回一个 boolean 型数据，当游标移动到最后一行之后返回 false。

【例6-2】通过顺序查询显示图6-21中所有的数据。

在上面创建的Demo工程的score文件夹内新建一个query1.jsp用来顺序查询所有成绩。

【query1.jsp源代码】

```jsp
<%@ page language="java" import="java.sql.*" pageEncoding="gb2312"%>
<html>
    <body>
        顺序查询：
        <hr>
        <table width="400" border="1" cellpadding="0" cellspacing="0"
bordercolor="#666666">
        <tr>
        <td bgcolor="#FFFFFF">id</td>
        <td bgcolor="#FFFFFF">用户名</td>
        <td bgcolor="#FFFFFF">数学成绩</td>
        <td bgcolor="#FFFFFF">英语成绩</td>
        </tr>
        <%   //加载驱动
            Class.forName("org.gjt.mm.mysql.Driver ");
            String url= jdbc:mysql://localhost:3306/demo";
        // 用户名root，密码123
            Connection conn = DriverManager.getConnection(url,"root","123");
    Statement stmt = conn.createStatement();//创建Statement对象
            String sql = "select * from student";//发送SQL语句
            ResultSet rs = stmt.executeQuery(sql);
            //显示记录
            while(rs.next()){
                out.print("<tr>");
                out.print("<td>"+rs.getInt("id")+"</td>");
                out.print("<td>"+rs.getString("username")+"</td>");
                out.print("<td>"+rs.getInt("math")+"</td>");
                out.print("<td>"+rs.getInt("english")+"</td>");
                out.print("</tr>");
            }
            //关闭连接、释放资源
            rs.close();
            stmt.close();
            conn.close();
        %>
```

```
    </table>
    </body>
</html>
```

运行结果

部署 Web 应用,启动 Tomcat,执行 query1.jsp 后,结果如图 6-22 所示。

图 6-22　顺序查询

2. 游动查询

与顺序查询不同的是,游动查询需要通过下面方式获得一个 Statement 对象。

```
Statement  stmt=conn.createStatement(int  type,int  concurrency);
ResultSet  rs = stmt.executeQuery(sql语句);
```

根据两个参数的不同,返回不同的结果集。

这里的两个参数取值情况如下:

(1)type 的取值决定滚动方式,有以下三种取值方式:

①ResultSet.TYPE_FORWORD_ONLY:结果集的游标只能向下滚动;

②ResultSet.TYPE_SCROLL_INSENSITIVE:结果集的游标可以上下移动,当数据库变化时,当前结果集不变;

③ResultSet.TYPE_SCROLL_SENSITIVE:返回可滚动的结果集,当数据库变化时,当前结果集同步改变。

(2)concurrency 取值决定是否可以用结果集更新数据库,有以下两种取值方式:

①ResultSet.CONCUR_READ_ONLY:不能用结果集更新数据库中的表;

②ResultSet.CONCUR_UPDATETABLE:能用结果集更新数据库中的表。

（3）游动查询经常用到 ResultSet 的下述方法：

①public boolean previous()：将游标向上移动，该方法返回 boolean 型数据，当移到结果集第一行之前时返回 false；

②public void beforeFirst：将游标移动到结果集的初始位置，即在第一行之前；

③public void afterLast()：将游标移到结果集最后一行之后；

④public void first()：将游标移到结果集的第一行；

⑤public void last()：将游标移到结果集的最后一行；

⑥public boolean isAfterLast()：判断游标是否在最后一行之后；

⑦public boolean isBeforeFirst()：判断游标是否在第一行之前；

⑧public boolean isFirst()：判断游标是否指向结果集的第一行；

⑨public boolean isLast()：判断游标是否指向结果集的最后一行；

⑩public int getRow()：得到当前游标所指行的行号，行号从 1 开始，如果结果集没有行，返回 0；

⑪public boolean absolute(int row)：将游标移到参数 row 指定的行号；

注意，如果 row 取负值，就是倒数的行数，absolute(−1) 表示移到最后一行，absolute(−2) 表示移到倒数第 2 行。当移动到第一行前面或最后一行的后面时，该方法返回 false。

【例 6-3】本例中首先将游标移动到最后一行，然后再获取行号，这样就获得表中的记录数；然后我们倒序输出结果集中的记录，即首先输出最后一行；最后单独输出第 5 条记录。

在 Demo 工程内的 score 文件夹内新建 query2.jsp 来游动查询所有数据。

【query2.jsp 源代码】

```
<%@ page language="java" import="java.sql.*" pageEncoding="gb2312"%>
<html>
    <body>
    游动查询:<br>
    <%
    Class.forName("org.gjt.mm.mysql.Driver ");//加载驱动
    String url= jdbc:mysql://localhost:3306/demo";
     // 用户名 root,密码 123
     Connection conn = DriverManager.getConnection(url,"root","123");
    //创建 Statement 对象
    Statement stmt = conn.createStatement(
    ResultSet.TYPE_SCROLL_SENSITIVE,
    ResultSet.CONCUR_READ_ONLY);
    String sql = "select * from student";//发送 SQL 语句
    ResultSet rs = stmt.executeQuery(sql); //返回可滚动的结果集
    rs.last();//将游标移动到最后一行
    int rownumber=rs.getRow();//获取最后一行的行号
    out.print("该表共有"+rownumber+"条记录");
```

```
%><br>逆序输出表中记录
    <hr>
    <table width="400" border="1" cellpadding="0" cellspacing="0"
bordercolor="#666666">
    <tr>
    <td bgcolor="#FFFFFF">id</td>
    <td bgcolor="#FFFFFF">用户名</td>
    <td bgcolor="#FFFFFF">数学成绩</td>
    <td bgcolor="#FFFFFF">英语成绩</td>
    </tr>
    <%
    //为了逆序输出记录,需将游标移动到最后一行之后:
        rs.afterLast();
        //显示记录
        while(rs.previous()){
            out.print("<tr><td>"+rs.getInt("id")+"</td>");
            out.print("<td>"+rs.getString("username")+"</td>");
            out.print("<td>"+rs.getInt("math")+"</td>");
            out.print("<td>"+rs.getInt("english")+"</td></tr>");
        }
    %>
    </table>
    单独输出第5条记录<BR>
    <%
    //定位到第5行记录
    rs.absolute(5);
    out.print("id:"+rs.getInt("id")+"<br>");
    out.print("username:"+rs.getString("username")+"<br>");
    out.print("math:"+rs.getInt("math")+"<br>");
    out.print("english:"+rs.getInt("english")+"<br>");
    //关闭连接、释放资源
    rs.close();
    stmt.close();
    conn.close();
    %>
</body>
</html>
```

运行结果

部署 Web 应用,启动 Tomcat,执行 query2.jsp 后,显示结果如图 6-23 所示。

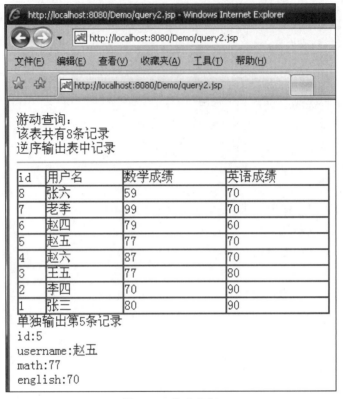

图 6-23　游动查询

当逆序输出完毕后,游标移动到结果集的初始位置,即在第一行之前,此时再定位第 5 行,显示的就是 id 为 5 的记录。

3. 参数查询

根据用户输入的条件进行查询。

在 Demo 工程内的文件夹 score 中添加 query3.jsp 和 query3_result.jsp 两个页面,在 query3. jsp 输入用户名,在 query3_result.jsp 显示相应的数据。

这里需要构造一个带 where 条件的 SQL 语句,即

```
String sql = "select * from student where username='"+param+"'";
```

读者一会儿可查看源代码。

【query3.jsp 源代码】

```
<%@ page language="java" pageEncoding="gb2312"%>
<html>
  <head>
    <title>参数查询</title>
```

```
    </head>
    <body>
    <br>
      <form name="form1" method="post" action="query3_result.jsp">
        <table width="291" border="0" cellpadding="0" cellspacing="1"
bgcolor="#666666">
          <tr>
            <td colspan="2" align="center" bgcolor="#CCCCCC">参数查询</td>
          </tr>
          <tr>
            <td width="68" bgcolor="#FFFFFF">用户名:</td>
            <td width="207" bgcolor="#FFFFFF"><input name="username" type="text"
id="username" size="25"></td>
          </tr>
          <tr>
            <td bgcolor="#FFFFFF"> </td>
            <td bgcolor="#FFFFFF"><input type="submit" name="Submit"value="查询"
></td>
          </tr>
        </table>
      </form>
    </body>
    </html>
```

【query3_result.jsp源代码】

```
<%@ page language="java" import="java.sql.*" pageEncoding="gb2312"%>
<html>
    <body>
        参数查询结果:
        <hr>
        <table width="400" border="1" cellpadding="0" cellspacing="0"bordercolor=
"#666666">
        <tr>
        <td bgcolor="#FFFFFF">id</td>
        <td bgcolor="#FFFFFF">用户名</td>
        <td bgcolor="#FFFFFF">数学成绩</td>
        <td bgcolor="#FFFFFF">英语成绩</td>
        </tr>
```

```
<%   //加载驱动
    Class.forName("org.gjt.mm.mysql.Driver ");
    String url= jdbc:mysql://localhost:3306/demo";
// 用户名root,密码123
Connection conn = DriverManager.getConnection(url,"root","123");
//创建Statement对象
    Statement stmt = conn.createStatement();
    //发送SQL语句
    request.setCharacterEncoding("gb2312");
    String param = request.getParameter("username");
    String sql = "select * from student where username='"+param+"'";
    ResultSet rs = stmt.executeQuery(sql);
    //显示记录
    while(rs.next()){
        out.print("<tr>");
        out.print("<td>"+rs.getInt("id")+"</td>");
        out.print("<td>"+rs.getString("username")+"</td>");
        out.print("<td>"+rs.getInt("math")+"</td>");
        out.print("<td>"+rs.getInt("english")+"</td>");
        out.print("</tr>");
    }
    //关闭连接、释放资源
    rs.close();
    stmt.close();
    conn.close();
%>
</table>
</body>
</html>
```

运行结果

（1）执行 query3.jsp 并输入"张三"，如图 6-24 所示，显示结果如图 6-25 所示。

图 6-24　参数查询【1】

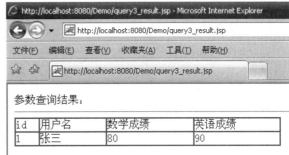

图 6-25　参数查询【2】

说明数据表中有"张三"这条记录。

（2）执行 query3.jsp 并输入"小六"，如图 6-26 所示，显示结果如图 6-27 所示

图 6-26　参数查询【3】

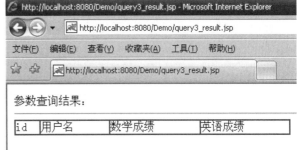

图 6-27　参数查询【4】

说明数据表中没有"小六"这条记录。

4. 通配符查询

根据上面的参数查询，我们可以发现一个问题，就是只能精确查询，如果需要模糊查询，怎么办呢？那就需要用到这里要讲的通配符查询。

可以用 SQL 语句操作符 LIKE 进行模式匹配，使用"%"代替一个或多个字符，用一个下划线"_"代替一个字符。

比如要查找所有姓"张"的人的成绩，那么 SQL 语句可以如下：

```
String sql = " select * from student where username like '张%' ";
```

在 Demo 工程的文件夹 score 里添加 query4.jsp 和 query4_result.jsp。在 query4.jsp 输入查询条件，query4_result.jsp 根据查询条件给出模糊结果。

【query4.jsp 源代码】

```
<%@ page language="java" pageEncoding="gb2312"%>
<html>
  <head>
    <title>通配符查询</title>
  </head>
```

```
<body>
<br>
  <form name="form1" method="post" action="query4_result.jsp">
    <table width="291" border="0" cellpadding="0" cellspacing="1"
bgcolor="#666666">
      <tr>
        <td colspan="2" align="center" bgcolor="#CCCCCC">通配符查询</td>
      </tr>
      <tr>
        <td width="68" bgcolor="#FFFFFF">用户名:</td>
        <td width="207" bgcolor="#FFFFFF"><input name="username"
type="text" id="username" size="25"></td>
      </tr>
      <tr>
        <td bgcolor="#FFFFFF"> </td>
        <td bgcolor="#FFFFFF"><input type="submit" name="Submit"
value="查询"></td>
      </tr>
    </table>
  </form>
</body>
</html>
```

【query4_result.jsp 源代码】

```
<%@ page language="java" import="java.sql.*" pageEncoding="gb2312"%>
<html>
  <body>
      通配符查询结果:
      <hr>
      <table width="400" border="1" cellpadding="0" cellspacing="0"
bordercolor="#666666">
      <tr>
      <td bgcolor="#FFFFFF">id</td>
      <td bgcolor="#FFFFFF">用户名</td>
      <td bgcolor="#FFFFFF">数学成绩</td>
      <td bgcolor="#FFFFFF">英语成绩</td>
      </tr>
```

```
<%    //加载驱动
    Class.forName("org.gjt.mm.mysql.Driver ");
    String url= jdbc:mysql://localhost:3306/demo";
// 用户名root,密码123
Connection conn = DriverManager.getConnection(url,"root","123");
//创建Statement对象
    Statement stmt = conn.createStatement();
    //发送SQL语句
    request.setCharacterEncoding("gb2312");
    String param = request.getParameter("username");
    String sql = "select * from student where username like'"+param+"%'";
    ResultSet rs = stmt.executeQuery(sql);
    //显示记录
    while(rs.next()){
        out.print("<tr>");
        out.print("<td>"+rs.getInt("id")+"</td>");
        out.print("<td>"+rs.getString("username")+"</td>");
        out.print("<td>"+rs.getInt("math")+"</td>");
        out.print("<td>"+rs.getInt("english")+"</td>");
        out.print("</tr>");
    }
    //关闭连接、释放资源
    rs.close();
    stmt.close();
    conn.close();
%>
</table>
</body>
</html>
```

运行结果

(1)执行query4.jsp并输入"张",如图6-28所示,显示结果如图6-29所示。

图 6-28　通配符查询【1】　　　　　　　图 6-29　通配符查询【2】

（2）可以看到，查询结果是所有姓张的人，如果想查询名字里含有"张"的人，那么 SQL 语句改成如下即可。

```
String sql = " select * from student where username like '%张%' ";
```

（3）如果查询姓张且名字是两个字的人，那么 SQL 语句改成如下即可。

```
String sql = " select * from student where username like '张_' ";
```

5.排序查询

可以使用 order by 字句进行排序，默认是升序，如果是降序要用 desc。

比如这里我们要按照总成绩从高到低进行排序，那么 sql 语句要写成如下：

```
String sql = "select * from student order by math+english desc";
```

在 Demo 工程内的文件夹 score 里添加 query5.jsp，在该页面根据所有学生的总成绩从高到低排序显示。

【query5.jsp 源代码】

```
<%@ page language="java" import="java.sql.*" pageEncoding="gb2312"%>
<html>
    <body>
        排序查询：
        <hr>
        <table width="400" border="1" cellpadding="0" cellspacing="0" bordercolor="#666666">
        <tr>
        <td bgcolor="#FFFFFF">id</td>
        <td bgcolor="#FFFFFF">用户名</td>
        <td bgcolor="#FFFFFF">数学成绩</td>
```

```
            <td bgcolor="#FFFFFF">英语成绩</td>
            <td bgcolor="#FFFFFF">总成绩</td>
        </tr>
        <%    //加载驱动
            Class.forName("org.gjt.mm.mysql.Driver ");
            String url= jdbc:mysql://localhost:3306/demo";
          // 用户名 root,密码 123
          Connection conn = DriverManager.getConnection(url,"root","123");
          //创建Statement对象
          Statement stmt = conn.createStatement();
          //发送SQL语句
          String sql = "select * from student order by math+english desc";
          ResultSet rs = stmt.executeQuery(sql);
          //显示记录
          while(rs.next()){
              int math = rs.getInt("math");
              int english = rs.getInt("english");
              int total = math+english;
              out.print("<tr>");
              out.print("<td>"+rs.getInt("id")+"</td>");
              out.print("<td>"+rs.getString("username")+"</td>");
              out.print("<td>"+math+"</td>");
              out.print("<td>"+english+"</td>");
              out.print("<td>"+total+"</td>");
              out.print("</tr>");
          }
          //关闭连接、释放资源
          rs.close();
          stmt.close();
          conn.close();
      %>
   </table>
   </body>
</html>
```

运行结果

（1）执行 query5.jsp 后，显示结果如图 6-30 所示。

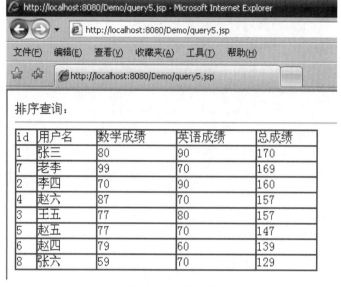

图6-30 排序查询

6.4.2 更新记录

要更新数据库中的记录,必须首先建立与数据库的连接。

使用上面创建的conn对象调用方法createStatement()创建Statement对象。

```
Statement  stmt=conn.createStatement();
```

最后利用stmt对象调用executeUpdate方法进行更新。

```
String sql = "UPDATE student SET math =100 WHERE username like '张%'" ;
stmt.executeUpdate(sql);
```

注意:如果上面不加WHERE条件,那么表中所有人的数学成绩都被更新为100分。

【例6-4】这里更新所有姓张的人的数学成绩为100分。

在Demo工程内文件夹里添加update.jsp,在该页面内完成更新操作并最后显示出更新后的结果。

【update.jsp源代码】

```
<%@ page language="java" import="java.sql.*" pageEncoding="gb2312"%>
<html>
    <body>
        更新姓张的人数学成绩为100分:
        <hr>
```

```
            <table width="400" border="1" cellpadding="0" cellspacing="0"
bordercolor="#666666">
        <tr>
        <td bgcolor="#FFFFFF">id</td>
        <td bgcolor="#FFFFFF">用户名</td>
        <td bgcolor="#FFFFFF">数学成绩</td>
        <td bgcolor="#FFFFFF">英语成绩</td>
        </tr>
        <%  //加载驱动
            Class.forName("org.gjt.mm.mysql.Driver ");
            String url= jdbc:mysql://localhost:3306/demo";
          // 用户名 root,密码 123
          Connection conn = DriverManager.getConnection(url,"root","123");
          //创建 Statement 对象
          Statement stmt = conn.createStatement();
            //先完成更新操作
          String sql = "UPDATE student SET math=100 WHERE username like '张%'";
          stmt.executeUpdate(sql);
          //发送 SQL 语句
          sql = "select * from student";
          ResultSet rs = stmt.executeQuery(sql);
          //显示记录
          while(rs.next()){
              out.print("<tr>");
              out.print("<td>"+rs.getInt("id")+"</td>");
              out.print("<td>"+rs.getString("username")+"</td>");
              out.print("<td>"+rs.getInt("math")+"</td>");
              out.print("<td>"+rs.getInt("english")+"</td>");
              out.print("</tr>");
          }
          //关闭连接、释放资源
          rs.close();
          stmt.close();
          conn.close();
        %>
    </table>
    </body>
</html>
```

运行结果

执行 update.jsp 后,显示结果如图 6-31 所示,姓张的人数学成绩被更新为 100 分。

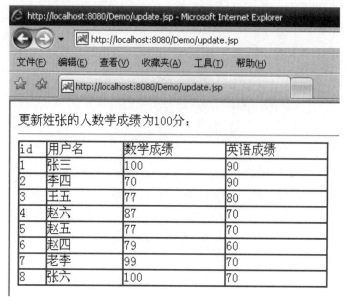

图 6-31　更新

6.4.4　删除记录

要删除数据库中的记录,必须首先建立与数据库的连接。

使用上面创建的 conn 对象调用方法 createStatement() 创建 Statement 对象。

```
Statement  stmt=conn.createStatement();
```

最后利用 stmt 对象调用 executeUpdate 方法进行删除。

```
String  sql = "delete  from  student  where  id=1" ;
stmt.executeUpdate(sql);
```

注意:如果上面不加 WHERE 条件,那么表中所有数据都被删除。

【例 6-5】删除 ID 为 1 后,再显示剩下的所有记录。

在 Demo 工程中文件夹 score 里添加 delete.jsp,所有动作在该页面内完成。

【delete.jsp 源代码】

```
<%@ page language="java"  import="java.sql.*"  pageEncoding="gb2312"%>
<html>
    <body>
```

删除ID为1的记录后结果：

```
<hr>
<table width="400" border="1" cellpadding="0" cellspacing="0"
bordercolor="#666666">
    <tr>
    <td bgcolor="#FFFFFF">id</td>
    <td bgcolor="#FFFFFF">用户名</td>
    <td bgcolor="#FFFFFF">数学成绩</td>
    <td bgcolor="#FFFFFF">英语成绩</td>
    </tr>
<%   //加载驱动
    Class.forName("org.gjt.mm.mysql.Driver ");
    String url= jdbc:mysql://localhost:3306/demo";
  // 用户名root,密码123
    Connection conn = DriverManager.getConnection(url,"root","123");
    //创建Statement对象
    Statement stmt = conn.createStatement();
    //先删除记录
    String sql = "delete from student where id=1" ;
    stmt.executeUpdate(sql);

    //发送SQL语句
    sql = "select * from student";
    ResultSet rs = stmt.executeQuery(sql);
    //显示记录
    while(rs.next()){
        out.print("<tr>");
        out.print("<td>"+rs.getInt("id")+"</td>");
        out.print("<td>"+rs.getString("username")+"</td>");
        out.print("<td>"+rs.getInt("math")+"</td>");
        out.print("<td>"+rs.getInt("english")+"</td>");
        out.print("</tr>");
    }
    //关闭连接、释放资源
    rs.close();
    stmt.close();
    conn.close();
%>
```

```
            </table>
        </body>
</html>
```

运行结果

执行 delete.jsp 后，显示结果如图 6-32 所示。

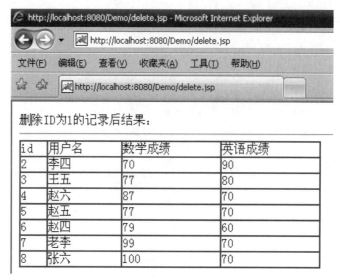

图 6-32　删除 ID 为 1 后结果

6.5　JSP 数据库应用实例（留言板）

本例通过一个留言板的开发来帮助读者掌握 JSP 在数据库中的各种操作。

简单起见，这里对留言板的功能进行了简化，主要包含以下 4 个功能：添加留言、查询留言、修改留言和删除留言。

这样所有人都可以添加、查询、修改和删除留言，而且还可以修改和删除别人的留言。这在实际应用当中是不允许的，为了节省篇幅，只好作此精简，读者以后可对这个留言板功能进一步扩充，比如用户注册、登录管理、回复留言等等功能。

现在我们采用 MySQL 数据库进行数据存储，用 MVC 设计模式进行整体的设计与开发，即 JSP+JavaBean+Servlet 的组合进行开发。

首先设计数据库及其表的结构。

在 SQLyog Enterprise 可视化 MySQL 管理工具里新建数据库 Demo,然后在 Demo 中新建并设计数据表 book,最后导出 SQL 脚本 demo.sql,脚本如下所示。

```
create database if not exists 'demo';
USE 'demo';
DROP TABLE IF EXISTS 'book';
CREATE TABLE 'book' (
    'id' bigint(20) NOT NULL auto_increment,
    'username' varchar(20) default NULL,
    'content' mediumtext,
    'publishtime' varchar(20) default NULL,
    PRIMARY KEY ('id')
) ENGINE=InnoDB DEFAULT CHARSET=gb2312;
```

读者以后只要将上面这个 demo.sql 文件导入到 SQLyog Enterprise 可视化 MySQL 管理工具里就可以新建出 Demo 数据库和相应的数据表。

下面正式进入开发阶段。

步骤1:打开 IDEA。

步骤2:新建一个工程,新建包 cn.zmx,在包下新建一个 Servlet 类,命名为 CoreServlet.java,同时新建一个 JavaBean 类,命名为 DataOperBean.java。此外将 mysql-connector-java-5.0.3-bin.jar 拷贝到 web 工程内的"\WEB-INF\lib"内。

控制器类 Servlet 起到了控制转发的作用,根据用户的请求 URI 的不同决定不同的操作,如用户点击"添加留言",那么 URI 是"/Demo/add.do",接着提取出"add",同样道理,删除留言时在取得的 URI 中提取出"delete",修改留言时在取得的 URI 中提取出"edit",最后根据"add""delete""edit"来区分不同操作。

模型类 JavaBean 封装了所有的数据库相关操作,比如插入数据、获取数据、删除数据、修改数据、验证登录等功能,这个类写得比较通用,读者可直接用到其他应用中。

步骤3:设计视图,创建 5 个 JSP 页面,分别为 add.jsp、detail.jsp、index.jsp、modify.jsp、search.jsp。add.jsp 是添加留言页面;detail.jsp 是显示单条留言详细信息;index.jsp 是留言列表,显示所有留言;modify.jsp 是修改留言页面;search.jsp 是查询留言页面。

为了便于程序的移植,本程序特将数据库连接的相关信息存在一个资源文件里,这样以后将这个程序拷贝到其他机器运行时,我们只需要设置相应的数据库连接信息即可,无需修改任何代码。这里在 src 文件夹内新建一个 ConfigFile 文件夹,在该文件夹内新建资源文件 SystemConfig.properties。注意:这里后缀一定要".properties"。

最后工程展开后的目录结构如图 6-33 所示。

图 6-33　留言板工程展开目录结构

下面是各文件的源代码。

【SystemConfig.properties 配置内容】

```
driver=com.mysql.jdbc.Driver
url=jdbc:mysql://localhost:3306/demo
username=root
password=123456
```

【web.xml 配置代码】

```
<?xml version="1.0" encoding="UTF-8"?>
<web-app>
  <servlet>
    <servlet-name>CoreServlet</servlet-name>
    <servlet-class>cn.zmx.CoreServlet</servlet-class>
  </servlet>
  <servlet-mapping>
    <servlet-name>CoreServlet</servlet-name>
    <url-pattern>*.do</url-pattern>
  </servlet-mapping>
  <welcome-file-list>
    <welcome-file>index.jsp</welcome-file>
  </welcome-file-list>
</web-app>
```

【CoreServlet.java 源代码】

```java
package cn.zmx;

import java.io.IOException;
import java.text.SimpleDateFormat;
import java.util.Date;
import java.util.Locale;
import javax.servlet.*

public class CoreServlet extends HttpServlet {
    protected void service(HttpServletRequest arg0, HttpServletResponse arg1)
            throws ServletException, IOException {
        String path = arg0.getRequestURI();
        String flag = path.substring(path.lastIndexOf('/')+1, path.lastIndexOf('.'));
        debug(flag);
        arg0.setCharacterEncoding("utf-8");
        DataOperBean dob = new DataOperBean();
        if("add".equals(flag)){//添加留言
            debug("添加留言");
            String username = arg0.getParameter("username");
            String content = arg0.getParameter("content");
            //取得当前时间并格式化
            SimpleDateFormat sdf = new SimpleDateFormat("yyyy-MM-ddHH:mm:ss");
            Date date = new Date();
            String dateStr = sdf.format(date);
            //插入数据
            String[] temp = {"username","content","publishtime"};
            String[] values= {username,content,dateStr};
            dob.insertData("book",temp , values);
            //请求分派
            gotoPage(arg0, arg1,"/index.jsp");
        }
        if("edit".equals(flag)){//修改留言
            debug("修改留言");
            String id = arg0.getParameter("id");
            String username = arg0.getParameter("username");
            String content = arg0.getParameter("content");
            String[] field = {"username","content"};
```

```
                    String[] value = {username,content};
                    dob.modifyData("book", field, value, "id="+id);
                    gotoPage(arg0, arg1,"/index.jsp");
                }
            if("delete".equals(flag)){//删除留言
                    debug("删除留言");
                    String id = arg0.getParameter("id");
                    dob.deleteData("book", "id="+id);
                    gotoPage(arg0, arg1,"/index.jsp");
                }
        }
        private void gotoPage(HttpServletRequest arg0, HttpServletResponse arg1,String
path) throws ServletException, IOException {
            //请求分派
            RequestDispatcher rd = arg0.getRequestDispatcher(path);
            rd.forward(arg0, arg1);
        }
        public static void debug(String str ){
            System.out.println(str);
        }
}
```

【DataOperBean.java 源代码】

```
package cn.zmx;

import java.io.InputStream;
import java.sql.*;
import java.util.*;

public class DataOperBean {
    private Connection conn = null;
    private ResultSet rs = null;
    private PreparedStatement prestmt = null;

    public DataOperBean(){
        String[] str = readConfigFile();
        try {
```

```
            Class.forName(str[0]);
            conn = DriverManager.getConnection(str[1],str[2], str[3]);
        } catch (Exception e) {
            e.printStackTrace();
        }
    }
    public static void main(String[] args){
    DataOperBean dbc = new DataOperBean();
    String[] str = dbc.readConfigFile();
    System.out.println(str[0]);
    }

    private  String[] readConfigFile() {
        String[] str = new String[4];
        try{
        Properties props = new Properties();
        InputStream infile = this.getClass().getResourceAsStream("/ConfigFile/
SystemConfig.properties");
        props.load(infile);

        str[0] = props.getProperty("driver");
        str[1] = props.getProperty("url");
        str[2] = props.getProperty("username");
        str[3] = props.getProperty("password");
        }catch(Exception e){
            e.printStackTrace();
        }
        return str;
    }
    /**
     * 函数功能:删除数据
     *
     * @param tableName表名
     * @param condition条件 例:delete from 表 where condition
     */
    public boolean deleteData(String tableName, String condition) {
        String sql = "";
        boolean flag = false;
```

```
            if(condition==null||condition==""){
            sql = "delete from "+tableName;
            }else{
            sql = "delete from "+tableName+" where "+condition;
            }
            try {
                prestmt = conn.prepareStatement(sql);
                int rscount = prestmt.executeUpdate();
                if(rscount>0){
                    flag = true;
                }
            } catch (SQLException e) {
                e.printStackTrace();
            }
        return flag;
    }
/**
 * 函数功能:从表中取出符合条件的数据
 *
 * @param  tableName 表名
 * @param  field 列名
 * @param  condition 查询条件
 * @return  一个向量集合,每个向量含 String[] field
 */
public Vector<String[]> getData(String tableName, String[] field, String condition) {
    Vector<String[]> vec = new Vector<String[]>();

    String strField = "", sql = "";
    for (int i = 0; i < field.length; i++) {
        strField += field[i] + ",";
    }
    strField = strField.substring(0, strField.lastIndexOf(","));
    if (condition == null || condition == "") {
        sql = "select " + strField + " from " + tableName;
    } else {
        sql = "select " + strField + " from " + tableName + " where "
                + condition;
    }
```

```java
        try {
            prestmt = conn.prepareStatement(sql);
            rs = prestmt.executeQuery();
            while(rs.next()){
                String[] temp = new String[field.length];
                for(int i=0;i<field.length;i++){
                    temp[i] = rs.getString(field[i]);
                    //Debug(temp[i]);
                }
                vec.add(temp);
            }
        } catch (SQLException e) {
            e.printStackTrace();
        }


        return vec;


    }
/**
 * 函数功能:用户登陆检查
 * @param table
 * @param condition
 * @return
 */
    public boolean CheckedLogin(String table,String condition) {
        boolean flag = false;
        try {
            String sql = "select * from "+table+" where "+condition;
            prestmt = conn.prepareStatement(sql);
            rs = prestmt.executeQuery();
            if (rs.next()) {
                flag = true;
            }
        } catch (SQLException e) {
            e.printStackTrace();
        }
        return flag;
    }
```

```
/**
 * 函数功能说明:插入数据
 *
 * @param tableName
 * @param field
 * @param value
 * @throws SQLException
 *  第二个参数和第三个参数个数要相等,若为空或"",则表示该表全部字段
 */
public boolean insertData(String tableName, String[] field, String[] value) {
    boolean flag = false;
    if (field == null || value == null ||field.length==0||value.length==0||
field.length != value.length)
            return flag;
    String strField = "", strValue = "";
    for (int i = 0; i < field.length; i++) {
        strField += field[i] + ",";
        strValue += "'" + value[i] + "',";
    }
    strField = strField.substring(0, strField.lastIndexOf(","));
    strValue = strValue.substring(0, strValue.lastIndexOf(","));
    try {
        String sql = "insert into " + tableName;
        sql += " (" + strField + ") values(";
        sql += strValue + ")";
        prestmt = conn.prepareStatement(sql);
        int rscount = prestmt.executeUpdate();
        if (rscount > 0)
            flag = true;
    } catch (SQLException e) {
        e.printStackTrace();
    }
    return flag;
}
/**
 * 函数功能:修改数据
 * @param tableName 表名
 * @param field 字段列表
```

```
    * @param value值列表
    * @param condition 条件 例:update 表 set 字段1=值1 where 条件
    */
   public boolean modifyData(String tableName, String[] field, String[] value,
           String condition) {
       boolean flag = false;
       if (field == null || value == null ||field.length==0||value.length==0||
field.length != value.length)
               return flag;
       String str = "";
       for(int i=0;i<field.length;i++){
               str += field[i]+"='"+value[i]+"',";
       }
       str = str.substring(0,str.lastIndexOf(","));
       String sql = "";
       if(condition==null||condition==""){
        sql = "update "+tableName+" set "+str;
       }else{
           sql = "update "+tableName+" set "+str+"  where "+condition;
       }
       try {
           prestmt = conn.prepareStatement(sql);
           int rscount = prestmt.executeUpdate();
           if(rscount>0){
                   flag = true;
           }
       } catch (SQLException e) {
           e.printStackTrace();
       }
       return flag;
   }
   /**
    * 函数功能:执行单条语句返回一个哈希表
    * @param table
    * @param field
    * @param condition
    * @return
    */
```

```java
public Hashtable<String, String> execSQL(String table,String field,String condition){
    Hashtable<String, String> ht = new Hashtable<String, String>();
    try{
        String sql = "select "+field+" from "+table+" where "+condition;
        System.out.println(sql);
        prestmt = conn.prepareStatement(sql);
        rs = prestmt.executeQuery();
        while(rs.next()){
            ht.put(field, rs.getString(field));
        }
    }catch(Exception e){
        e.printStackTrace();
    }
    return ht;

}
}
```

【index.jsp 源代码】

```jsp
<%@ page language="java" import="java.util.*,java.text.SimpleDateFormat;" pageEncoding="UTF-8"%>
<jsp:useBean id="dob" class="cn.zmx.DataOperBean"/>
<html>
  <head>
    <title>留言列表</title>
  </head>
  <body>
  <a href="add.jsp">添加留言</a> <a href="search.jsp" target=_blank>查找留言</a>
    <table width="551" border="0" cellpadding="0" cellspacing="1"bgcolor="#999999">
      <tr>
        <td width="80" bgcolor="#CCCCCC">编号</td>
        <td width="91" bgcolor="#CCCCCC">作者</td>
        <td width="120" bgcolor="#CCCCCC">内容</td>
        <td width="146" bgcolor="#CCCCCC">时间</td>
        <td width="108" bgcolor="#CCCCCC">操作</td>
      </tr>
      <%
```

```
        String[] temp = {"id","username","content","publishtime"};
        Vector<String[]> vec = dob.getData("book",temp,null);
        for(int i=0;i<vec.size();i++){
            String[] ss = vec.get(i);
    %>
    <tr>
      <td bgcolor="#FFFFFF"><%=ss[0]%></td>
      <td bgcolor="#FFFFFF"><%=ss[1]%></td>
      <td bgcolor="#FFFFFF">
        <%=ss[2].length()>6?ss[2].substring(0,5)+"...":ss[2]%></td>
      <td bgcolor="#FFFFFF"><%=ss[3]%></td>
      <td bgcolor="#FFFFFF"><a href="detail.jsp?id=<%=ss[0]%>"
target=_blank>查看</a>/<a href="modify.jsp?id=<%=ss[0]%>">修改</a>/<a
href="delete.do?id=<%=ss[0] %>">删除</a></td>
    </tr>
    <% } %>
  </table>
  <p><br>
      </p>
  </body>
</html>
```

【add.jsp 源代码】

```
<%@ page language="java"  pageEncoding="UTF-8"%>
<html>
  <head>
    <title>添加留言</title>
  </head>
  <script language="javascript">
  function isok(){
  if (form1.username.value=='') {
      window.alert("作者不能为空,请重输! ");
       form1.username.focus();
      return    false;
          }
  if (form1.content.value==''){
      window.alert("内容不能为空,请重输! ");
```

```
            form1.content.focus();
            return    false;
}
  return    true;
 }
</script>
  <body>
  <form name="form1" method="post" action="add.do" onSubmit="return isok();">
      <table width="487" border="0" cellpadding="0" cellspacing="1"
bgcolor="#999999">
        <tr>
          <td colspan="2" bgcolor="#FFFFFF"> </td>
        </tr>
        <tr>
          <td width="73" bgcolor="#FFFFFF">作者:</td>
          <td width="411" bgcolor="#FFFFFF">
<input type="text" name="username"></td>
        </tr><tr>
          <td bgcolor="#FFFFFF">内容:</td>
          <td bgcolor="#FFFFFF"><textarea name="content" cols="40"
rows="15"></textarea></td>
        </tr> <tr>
          <td bgcolor="#FFFFFF"> </td>
          <td bgcolor="#FFFFFF">
<input type="submit" name="Submit" value="添加"></td>
        </tr>
     </table>
   </form>
  </body>
</html>
```

【modify.jsp 源代码】

```
<%@ page language="java" import="java.util.*" pageEncoding="UTF-8"%>
<jsp:useBean id="dob" class="cn.zmx.DataOperBean"/>


<html>
```

```
  <head>
    <title>修改</title>
  </head>
    <script language="javascript">
function isok(){
 if (form1.username.value=='') {
            window.alert("作者不能为空,请重输！");
            form1.username.focus();
            return    false;
          }
 if (form1.content.value=='') {
            window.alert("内容不能为空,请重输！");
            form1.content.focus();
            return    false;
          }
  return true;
 }
</script>
  <body>
  <%
String id = request.getParameter("id");
String[] temp = {"username","content"};
Vector<String[]> vec = dob.getData("book",temp,"id="+id);
for(int i=0;i<vec.size();i++){
       String[] ss = vec.get(i);
%>
  <form name="form1" method="post" action="edit.do" onSubmit="return isok();">
      <table width="459" border="0" cellpadding="0" cellspacing="1"
bgcolor="#999999">
        <tr>
          <td colspan="2" bgcolor="#FFFFFF"> </td>
        </tr><tr>
          <td width="99" bgcolor="#FFFFFF">作者:</td>
          <td width="357" bgcolor="#FFFFFF">
          <input type="hidden" name="id" value="<%=id%>">
          <input name="username" type="text" value="<%=ss[0] %>"
readonly="true"></td>
        </tr><tr>
```

```
        <td bgcolor="#FFFFFF">内容:</td>
        <td bgcolor="#FFFFFF"><textarea name="content" cols="40"
rows="15"><%=ss[1] %></textarea></td>
        </tr><tr><td bgcolor="#FFFFFF"> </td> <td
bgcolor="#FFFFFF"><input type="submit" name="Submit" value="修改"></td></tr>
    </table>
  </form>
  <%} %>
  </body>
</html>
```

【detail.jsp源代码】

```
<%@ page contentType="text/html; charset=gb2312" import="java.util.*"
language="java" errorPage="" %>
<jsp:useBean id="dob" class="cn.zmx.DataOperBean"/>

<html>
<head>
<meta http-equiv="Content-Type" content="text/html; charset=gb2312" />
<title>详细内容</title>
</head>
<body>
<%
String id = request.getParameter("id");
String[] temp = {"id","username","content","publishtime"};
Vector<String[]> vec = dob.getData("book",temp,"id="+id);
for(int i=0;i<vec.size();i++){
        String[] ss = vec.get(i);
%>
<table width="347" height="161" border="0" cellpadding="0" cellspacing="1"
bgcolor="#999999">
  <tr>
    <td width="337" height="25" bgcolor="#CCCCCC">编号:【<%=ss[0]%>】 </td>
  </tr><tr>
    <td height="25" bgcolor="#CCCCCC">作者:【<%=ss[1]%>】</td>
  </tr><tr>
    <td height="25" bgcolor="#CCCCCC">时间:【<%=ss[3]%>】</td>
```

```
</tr><tr>
  <td height="24" bgcolor="#CCCCCC">内容:</td>
</tr><tr>
  <td bgcolor="#FFFFFF"><%=ss[2]%></td>
</tr>
</table>
<%} %>
</body>
</html>
```

查找留言页面search.jsp,这里根据作者的名字进行模糊查询,当不输入任何内容时显示全部数据。

【search.jsp源代码】

```
<%@ page language="java" import="java.util.*" pageEncoding="UTF-8"%>
<html>
  <head>
    <title>搜索</title>
  </head>
  <body>

    <form name="form1" method="post" action="">
      关键字:
      <input name="key" type="text" id="key">
      <input type="submit" name="Submit" value="查找">
    </form><a href="add.jsp">添加留言</a>

<%
request.setCharacterEncoding("UTF-8");
String key = request.getParameter("key");
String condition="";
if(!"".equals(key)){
    condition="username like '%"+key+"%'";
}else{
    condition="";
}
%>
<jsp:useBean id="dob" class="cn.zmx.DataOperBean"/>
  <table width="551" border="0" cellpadding="0" cellspacing="1" bgcolor="#999999">
```

```
    <tr>
       <td width="80" bgcolor="#CCCCCC">编号</td>
       <td width="91" bgcolor="#CCCCCC">作者</td>
       <td width="120" bgcolor="#CCCCCC">内容</td>
       <td width="146" bgcolor="#CCCCCC">时间</td>
       <td width="108" bgcolor="#CCCCCC">操作</td>
    </tr>
    <%
String[] temp = {"id","username","content","publishtime"};
Vector<String[]> vec = dob.getData("book",temp,condition);
for(int i=0;i<vec.size();i++){
       String[] ss = vec.get(i);
%>
    <tr>
      <td bgcolor="#FFFFFF"><%=ss[0]%></td>
      <td bgcolor="#FFFFFF"><%=ss[1]%></td>
      <td bgcolor="#FFFFFF">
      <%=ss[2].length()>6?ss[2].substring(0,5)+"...":ss[2]%></td>
      <td bgcolor="#FFFFFF"><%=ss[3]%></td>
      <td bgcolor="#FFFFFF"><a href="detail.jsp?id=<%=ss[0]%>"
target=_blank>查看</a>/<a href="modify.jsp?id=<%=ss[0]%>">修改</a>/<a
href="delete.do?id=<%=ss[0] %>">删除</a></td>
    </tr>
    <% } %>
  </table>
 </body>
</html>
```

运行结果

(1)执行 index.jsp,如图 6-34 所示。

图 6-34   留言板列表

(2)点击"添加留言"超级链接,进入添加留言页面,如图 6-35 所示。

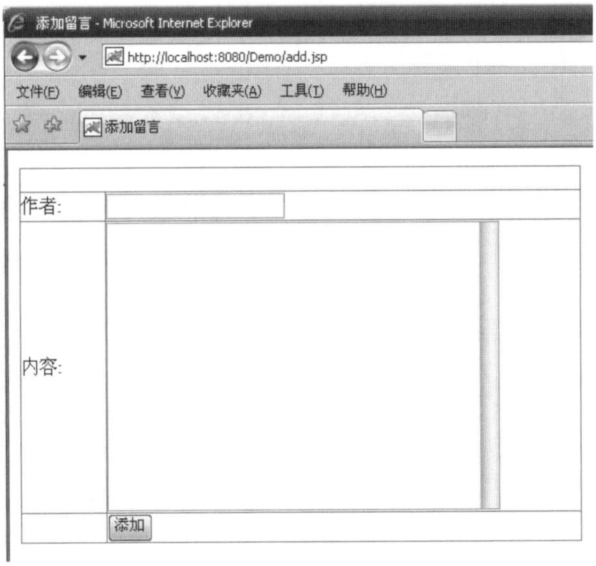

图 6-35　添加留言

（3）输入作者为"张三"，留言内容为"提供用于生成与呈现无关的图像的类和接口。"，点击"添加"按钮，根据用户请求 URI 确定调用 Servlet 类并找到对应的执行代码是添加留言，最后请求分派到 index.jsp 页面，显示结果如图 6-36 所示。因为留言内容长度大于 6，所以在程序里控制了显示宽度。

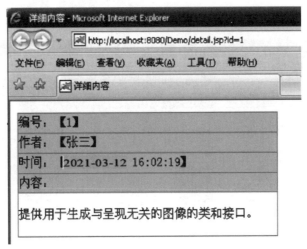

图 6-36　添加留言后

（4）点击"查看"，如图 6-37 所示。

图 6-37　详细留言

（5）在图6-43中点击"修改"，进入修改留言界面，如图6-38所示。在该页面中，作者是不可修改的，所以将作者的文本框属性设置为只读。

图6-38   修改留言

（6）我们修改这条留言的内容为"修改后内容"，点击"修改"后又会通过Servlet进行数据的更新操作并请求分派到index.jsp页面，显示结果如图6-39所示。

图6-39   修改后留言

（7）依次再添加若干条留言，如图6-40所示。

图6-40   添加多条留言

（8）点击"查找留言"超级链接，不输入关键字，直接点击"查找"按钮，结果显示所有留言内容，如图6-41所示；如输入关键字为"张"，则显示作者名字中含有"张"字的留言列表，如图6-42所示。

图6-41　显示全部留言

图6-42　模糊查询

（9）点击"删除"后，会执行Servlet中的"删除留言"的代码，删除完后会请求分派到index.jsp页面，比如这里删除编号为1、3、5、7的记录后，显示结果如图6-43所示。因为删除最后的记录编号是7，所以地址栏里显示的还是id=7，反之亦然。

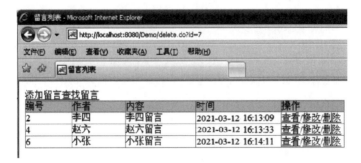

图6-43　删除记录

至此，一个简单留言板的程序就演示完毕，读者可进一步将其功能进行扩展，以适应实际的应用。限于篇幅，这里就不再进行扩展了。

6.6　本章小结

　　本章介绍了数据库基础、JDBC基础,学习了如何使用MySQL数据库,如何使用GUI管理工具管理MySQL数据库,以及如何通过JSP进行数据的各种操作:查询、更新、添加和删除,最后给出实际例子作为本章的总结。读者要多上机操作,务必将各种数据操作方法牢牢掌握。

6.7　习　题

1.填空题

(1)JDBC驱动程序分为4种类型:(　　　)、(　　　)、(　　　)、(　　　)

(2)DBC对数据库的操作包括3大步骤:(　　　)、(　　　)、(　　　),其中第一个步骤又包含2个步骤(　　　)、(　　　)

(3)加载驱动程序的一般格式为:(　　　)

(4)建立连接的一般格式为:(　　　)

(5)()是返回一个打开的连接,接下去我们就可以利用这个conn对象(即返回的连接)创建()对象并发送SQL语句到数据库

(6)有三种Statement对象:(　　　)、(　　　)和(　　　)

(7)SQL集(　　　)、(　　　)和(　　　)于一体,用SQL语言可以实现数据库生命周期的全部活动

(8)基本的SQL语句包括(　　　)和(　　　),也就是对数据库最常用的四大基本操作:(　　　)、(　　　)、(　　　)和(　　　)

2.简答题

(1)JDBC可以完成哪些工作?

(2)简述JSP连接数据库的基本操作。

3.实践题

编写一个通讯录(要求姓名、性别、联系方式等),实现JSP对数据库的操作,包括添加、删除、修改、查询等,要求用MVC实现。